服务器管理与维护

主　编　何栩翊　罗兴宇
副主编　吴卓坪　高　辉
　　　　杜　培　张二元
　　　　熊军洲　肖玉梅
参　编　谢斌强　高　亮

北京理工大学出版社
BEIJING INSTITUTE OF TECHNOLOGY PRESS

内 容 简 介

本书以最新版本的 Windows Server 2019 网络操作系统和 SQL Server 2019 数据库为平台,对 Windows Server 2019 网络操作系统常见的应用以及 SQL Server 2019 数据库典型配置进行详细讲解。全书分为三大项目:虚拟机部署、Windows Server 2019 操作系统部署、SQL Server 2019 数据库部署,共计 19 个教学实训任务。每个教学实训任务都配置任务情境描述、能力目标、知识准备、制定工作计划、任务实施、质量自检、交付验收、知识拓展和课后习题,结合实践应用的内容,引用大量企业应用实例。

本书可作为计算机专业相关课程的教材,也可以作为相关技术人员的自学参考书。

版权专有　侵权必究

图书在版编目(CIP)数据

服务器管理与维护 / 何栩翊,罗兴宇主编. -- 北京:
北京理工大学出版社,2022.2(2022.4 重印)
ISBN 978 - 7 - 5763 - 0057 - 4

Ⅰ. ①服… Ⅱ. ①何… ②罗… Ⅲ. ①网络服务器 Ⅳ. ①TP368.5

中国版本图书馆 CIP 数据核字(2021)第 137343 号

出版发行 / 北京理工大学出版社有限责任公司	
社　　址 / 北京市海淀区中关村南大街 5 号	
邮　　编 / 100081	
电　　话 /（010）68914775（总编室）	
（010）82562903（教材售后服务热线）	
（010）68944723（其他图书服务热线）	
网　　址 / http://www.bitpress.com.cn	
经　　销 / 全国各地新华书店	
印　　刷 / 北京广达印刷有限公司	
开　　本 / 787 毫米×1092 毫米　1/16	责任编辑 / 钟　博
印　　张 / 18	文案编辑 / 钟　博
字　　数 / 421 千字	责任校对 / 周瑞红
版　　次 / 2022 年 2 月第 1 版　2022 年 4 月第 2 次印刷	责任印制 / 施胜娟
定　　价 / 49.80 元	

图书出现印装质量问题,请拨打售后服务热线,本社负责调换

Foreword 前言

本书是一本基于"项目驱动、任务导向"项目化教学方式的 Windows 零基础教材，体现"基于工作过程"的教学理念。本书采用理实一体编写模式，以学生为中心的设计思路，充分体现任务前的知识补充、任务中的自测和任务后的客户交互流程。

本书以最新版本的 Windows Server 2019 网络操作系统和 SQL Server 2019 数据库为平台，对 Windows Server 2019 网络操作系统常见的应用以及 SQL Server 2019 数据库典型配置进行详细讲解。全书分为 3 个项目——虚拟机安装配置、Windows Server 2019 操作系统部署、SQL Server 2019 数据库部署，共计 19 个教学实训任务。教学实训任务包括安装 VMware Workstation Player 虚拟机、配置 VMware Workstation Player 虚拟机、安装 Oracle VM VirtualBox 虚拟机、配置 Oracle VM VirtualBox 虚拟机、安装 Windows Server 2019 网络操作系统、Windows Server 2019 网络操作系统网络配置与测试、Windows Server 2019 网络操作系统名称设置与系统更新配置、Windows Server 2019 网络操作系统用户创建与远程桌面连接设置、Windows Server 2019 网络操作系统 Web 服务器安装与配置、Windows Server 2019 网络操作系统 FTP 服务器安装与配置、Windows Admin Center 安装与配置、Windows Server 2019 网络操作系统 DNS 服务器安装与配置、Windows Server 2019 网络操作系统 DHCP 服务器安装与配置、Windows Server 2019 网络操作系统活动目录搭建与终端用户接入、Windows Server 2019 网络操作系统备份与还原、SQL Server 2019 数据库安装与配置、SQL Server Management Studio 安装与配置、图形化工具与 SQL 命令管理 SQL Server 2019 数据库、SQL Server 2019 数据库备份与还原。每个教学实训任务都配置任务情境描述、能力目标、知识准备、制定工作计划、任务实施、质量自检、交付验收、知识拓展和课后习题，结合实践应用的内容，引用大量企业应用实例。

本书编写和相关配套资源建设工作由重庆电子工程职业学院的何栩翊、罗兴宇、吴卓坪、高辉、杜培、张二元、熊军洲、肖玉梅、高亮等老师合作完成，中移物联网有限公司的谢斌强也参与了部分编写工作。

本书可作为高职高专院校物联网专业群、计算机应用技术专业、计算机网络技术专业、网络系统管理专业、软件技术专业及其他计算机类专业的理论与实践一体化教材，也可作为 Windows 系统管理和网络管理人员的自学指导书。

编　者

Contents 目录

项目1 虚拟机安装配置 ··· 1
  1.1 任务1 安装 VMware Workstation Player 虚拟机 ································ 1
    一、任务情境描述 ··· 1
    二、能力目标 ··· 2
    三、知识准备 ··· 2
    四、制定工作计划 ··· 4
    五、任务实施 ··· 4
    六、知识拓展 ··· 8
    七、课后习题 ··· 9
    八、质量自检 ··· 11
    九、交付验收 ··· 11
  1.2 任务2 配置 VMware Workstation Player 虚拟机 ································ 13
    一、任务情境描述 ··· 13
    二、能力目标 ··· 13
    三、知识准备 ··· 13
    四、制定工作计划 ··· 14
    五、任务实施 ··· 15
    六、知识拓展 ··· 20
    七、课后习题 ··· 21
    八、质量自检 ··· 23
    九、交付验收 ··· 23
  1.3 任务3 安装 Oracle VM VirtualBox 虚拟机 ······································· 25
    一、任务情境描述 ··· 25
    二、能力目标 ··· 25
    三、知识准备 ··· 25
    四、制定工作计划 ··· 25
    五、任务实施 ··· 25
    六、质量自检 ··· 31

1.4 任务 4　配置 Oracle VM VirtualBox 虚拟机 ………………………………………… 32
　　一、任务情境描述 ……………………………………………………………………… 32
　　二、能力目标 …………………………………………………………………………… 32
　　三、知识准备 …………………………………………………………………………… 32
　　四、制定工作计划 ……………………………………………………………………… 32
　　五、任务实施 …………………………………………………………………………… 32
　　六、知识拓展 …………………………………………………………………………… 37
　　七、课后习题 …………………………………………………………………………… 37
　　八、质量自检 …………………………………………………………………………… 39
　　九、交付验收 …………………………………………………………………………… 39

项目 2　Windows Server 2019 操作系统部署 …………………………………… 41

2.1 任务 1　安装 Windows Server 2019 操作系统 ………………………………………… 42
　　一、任务情境描述 ……………………………………………………………………… 42
　　二、能力目标 …………………………………………………………………………… 42
　　三、知识准备 …………………………………………………………………………… 42
　　四、制定工作计划 ……………………………………………………………………… 49
　　五、任务实施 …………………………………………………………………………… 50
　　六、知识拓展 …………………………………………………………………………… 57
　　七、课后习题 …………………………………………………………………………… 59
　　八、质量自检 …………………………………………………………………………… 61
　　九、交付验收 …………………………………………………………………………… 61

2.2 任务 2　Windows Server 2019 网络操作系统网络配置与测试 ……………………… 63
　　一、任务情境描述 ……………………………………………………………………… 63
　　二、能力目标 …………………………………………………………………………… 63
　　三、知识准备 …………………………………………………………………………… 63
　　四、制定工作计划 ……………………………………………………………………… 66
　　五、任务实施 …………………………………………………………………………… 66
　　六、知识拓展 …………………………………………………………………………… 73
　　七、课后习题 …………………………………………………………………………… 74
　　八、质量自检 …………………………………………………………………………… 75
　　九、交付验收 …………………………………………………………………………… 75

2.3 任务 3　Windows Server 2019 网络操作系统名称设置与系统更新配置 …………… 77
　　一、任务情境描述 ……………………………………………………………………… 77
　　二、能力目标 …………………………………………………………………………… 77
　　三、知识准备 …………………………………………………………………………… 77
　　四、制定工作计划 ……………………………………………………………………… 78
　　五、任务实施 …………………………………………………………………………… 78

七、交付验收 ………………………………………………………………………………… 31

六、课后习题 ……………………………………………………………………… 81
　　七、质量自检 ……………………………………………………………………… 83
　　八、交付验收 ……………………………………………………………………… 83
2.4 任务 4　Windows Server 2019 网络操作系统用户创建与远程桌面连接设置 ……… 84
　　一、任务情境描述 ………………………………………………………………… 84
　　二、能力目标 ……………………………………………………………………… 84
　　三、知识准备 ……………………………………………………………………… 84
　　四、制定工作计划 ………………………………………………………………… 85
　　五、任务实施 ……………………………………………………………………… 85
　　六、知识拓展 ……………………………………………………………………… 95
　　七、课后习题 ……………………………………………………………………… 95
　　八、质量自检 ……………………………………………………………………… 97
　　九、交付验收 ……………………………………………………………………… 97
2.5 任务 5　Windows Server 2019 网络操作系统 Web 服务器安装与配置 …………… 99
　　一、任务情境描述 ………………………………………………………………… 99
　　二、能力目标 ……………………………………………………………………… 99
　　三、知识准备 ……………………………………………………………………… 99
　　四、制定工作计划 ……………………………………………………………… 102
　　五、任务实施 …………………………………………………………………… 102
　　六、知识拓展 …………………………………………………………………… 111
　　七、课后习题 …………………………………………………………………… 112
　　八、质量自检 …………………………………………………………………… 115
　　九、交付验收 …………………………………………………………………… 115
2.6 任务 6　Windows Server 2019 网络操作系统 FTP 服务器安装与配置 …………… 117
　　一、任务情境描述 ……………………………………………………………… 117
　　二、能力目标 …………………………………………………………………… 117
　　三、知识准备 …………………………………………………………………… 117
　　四、制定工作计划 ……………………………………………………………… 118
　　五、任务实施 …………………………………………………………………… 119
　　六、知识拓展 …………………………………………………………………… 124
　　七、课后习题 …………………………………………………………………… 126
　　八、质量自检 …………………………………………………………………… 127
　　九、交付验收 …………………………………………………………………… 127
2.7 任务 7　Windows Admin Center 安装与配置 …………………………………… 129
　　一、任务情境描述 ……………………………………………………………… 129
　　二、能力目标 …………………………………………………………………… 129
　　三、知识准备 …………………………………………………………………… 129
　　四、制定工作计划 ……………………………………………………………… 129

　　　　五、任务实施 130

　　　　六、质量自检 139

　　　　七、交付验收 139

2.8 任务8　Windows Server 2019 网络操作系统 DNS 服务器安装与配置 141

　　　　一、任务情境描述 141

　　　　二、能力目标 141

　　　　三、知识准备 141

　　　　四、制定工作计划 142

　　　　五、任务实施 142

　　　　六、知识拓展 158

　　　　七、课后习题 159

　　　　八、质量自检 161

　　　　九、交付验收 161

2.9 任务9　Windows Server 2019 网络操作系统 DHCP 服务器安装与配置 163

　　　　一、任务情境描述 163

　　　　二、能力目标 163

　　　　三、知识准备 163

　　　　四、制定工作计划 164

　　　　五、任务实施 164

　　　　六、知识拓展 177

　　　　七、课后习题 178

　　　　八、质量自检 181

　　　　九、交付验收 181

2.10 任务10　Windows Server 2019 网络操作系统活动目录搭建与终端用户接入 183

　　　　一、任务情境描述 183

　　　　二、能力目标 183

　　　　三、知识准备 183

　　　　四、制定工作计划 184

　　　　五、任务实施 184

　　　　六、课后习题 197

　　　　七、质量自检 199

　　　　八、交付验收 199

2.11 任务11　Windows Server 2019 网络操作系统备份与还原 201

　　　　一、任务情境描述 201

　　　　二、能力目标 201

　　　　三、知识准备 201

　　　　四、制定工作计划 202

　　　　五、任务实施 202

六、课后习题 ……………………………………………………………………… 221
　　七、质量自检 ……………………………………………………………………… 225
　　八、交付验收 ……………………………………………………………………… 225

项目 3　SQL Server 2019 数据库部署 …………………………………………… 227

3.1 任务 1　SQL Server 2019 数据库安装与配置 ………………………………… 228
　　一、任务情境描述 ………………………………………………………………… 228
　　二、能力目标 ……………………………………………………………………… 228
　　三、知识准备 ……………………………………………………………………… 228
　　四、制定工作计划 ………………………………………………………………… 230
　　五、任务实施 ……………………………………………………………………… 230
　　六、课后习题 ……………………………………………………………………… 237
　　六、质量自检 ……………………………………………………………………… 239
　　七、交付验收 ……………………………………………………………………… 239

3.2 任务 2　SQL Server Management Studio 安装与配置 ………………………… 241
　　一、任务情境描述 ………………………………………………………………… 241
　　二、能力目标 ……………………………………………………………………… 241
　　三、知识准备 ……………………………………………………………………… 241
　　四、制定工作计划 ………………………………………………………………… 241
　　五、任务实施 ……………………………………………………………………… 242
　　六、质量自检 ……………………………………………………………………… 251
　　七、交付验收 ……………………………………………………………………… 251

3.3 任务 3　图形化工具与 SQL 命令管理 SQL Server 2019 数据库 …………… 253
　　一、任务情境描述 ………………………………………………………………… 253
　　二、能力目标 ……………………………………………………………………… 253
　　三、知识准备 ……………………………………………………………………… 253
　　四、制定工作计划 ………………………………………………………………… 254
　　五、任务实施 ……………………………………………………………………… 254
　　六、课后习题 ……………………………………………………………………… 264
　　七、质量自检 ……………………………………………………………………… 265
　　八、交付验收 ……………………………………………………………………… 265

3.4 任务 4　SQL Server 2019 数据库备份与还原 ………………………………… 267
　　一、任务情境描述 ………………………………………………………………… 267
　　二、能力目标 ……………………………………………………………………… 267
　　三、知识准备 ……………………………………………………………………… 267
　　四、制定工作计划 ………………………………………………………………… 268
　　五、任务实施 ……………………………………………………………………… 268
　　六、质量自检 ……………………………………………………………………… 277
　　七、交付验收 ……………………………………………………………………… 277

项目 1
虚拟机安装配置

项目目标
- √ 了解虚拟机技术；
- √ 掌握虚拟机下载方式；
- √ 掌握虚拟机安装流程；
- √ 掌握虚拟机配置步骤。

建议学时
- √ 8 学时。

项目任务
- √ 任务 1：安装 VMware Workstation Player 虚拟机；
- √ 任务 2：配置 VMware Workstation Player 虚拟机；
- √ 任务 3：安装 Oracle VM VirtualBox 虚拟机；
- √ 任务 4：配置 Oracle VM VirtualBox 虚拟机。

学习流程与活动
- √ 获取任务；
- √ 制定计划；
- √ 安装配置；
- √ 质量自检；
- √ 交付验收。

1.1 任务 1　安装 VMware Workstation Player 虚拟机

一、任务情境描述

服务器运维工程师最基本的职责是负责系统运行与维护并确保整个服务器的稳定性和高

可用性，同时不断优化系统架构，提升部署效率、优化资源利用率等。通常在企业服务器中存储着大量企业信息数据，这些数据也是整个公司的核心。为了确保每次运维都能高效可靠地完成任务，服务器运维工程师一般需要在运维前进行部署测试，在对服务器配置前可以使用虚拟机软件搭建测试平台，减少每次运维操作中可能出现的故障错误。

二、能力目标

（1）能了解虚拟机基本技术；
（2）能掌握下载 VMware Workstation Player 虚拟机的方法；
（3）能掌握安装 VMware Workstation Player 虚拟机的步骤。

虚拟机技术

三、知识准备

1. 认识虚拟机

虚拟机（Virtual Machine）指通过软件模拟的具有完整硬件系统功能的、运行在一个完全隔离环境中的完整计算机系统。在实体计算机中能够完成的工作在虚拟机中都能够实现。在计算机中创建虚拟机时，需要将实体机的部分硬盘和内存容量作为虚拟机的硬盘和内存容量。每个虚拟机都有独立的 CMOS、硬盘和操作系统，可以像使用实体机一样对虚拟机进行操作。

2. 虚拟机关键技术

虚拟机技术是虚拟化技术的一种。所谓虚拟化技术，就是将事物从一种形式转变成另一种形式。最常用的虚拟化技术是操作系统中内存的虚拟化，实际运行时用户需要的内存空间可能远大于物理机器的内存，利用内存的虚拟化技术，用户可以将一部分硬盘虚拟化为内存，而这对用户是透明的。虚拟系统和传统虚拟机的不同在于：虚拟系统不会降低计算机的性能，启动虚拟系统不需要像启动操作系统那样耗费时间，运行程序更加方便快捷；虚拟系统只能模拟和现有操作系统相同的环境，而虚拟机则可以模拟其他种类的操作系统；虚拟机需要模拟底层的硬件指令，所以在应用程序运行速度上比虚拟系统慢得多。虚拟机中的所有操作都是在这个全新的独立虚拟系统里进行，可以独立安装、运行软件，保存数据，拥有独立桌面，不会对真正的操作系统产生任何影响，而且能够在现有系统与虚拟镜像之间灵活切换。流行的虚拟机软件有 VMware、VirtualBox 和 VirtualPC，它们都能在操作系统上虚拟出多个计算机。

3. 常见虚拟机软件

1）VMware Workstation

VMware 是 EMC 公司旗下独立的软件公司。1998 年 1 月，斯坦福大学的 Mendel Rosenblum 教授带领他的学生 Edouard Bugnion 和 Scott Devine，凭借对虚拟机技术多年的研究成果创立了 VMware 公司，主要研究在工业领域应用的大型主机级的虚拟技术计算机，并于 1999 年发布了第一款产品：基于主机模型的虚拟机 VMware Workstation。今天 VMware 公司是虚拟机市场上的领航者，其首先提出并采用的气球驱动程序、影子页表、虚拟设备驱动程序等均已被后来的其他虚拟机如 Xen 采用。使用 VMware 软件，可以同时运行 Linux 各种发行版、DOS、Windows 各种版本、UNIX 等，甚至可以在同一台计算机上安装多个 Linux 发行版、多个 Windows 版本。图 1-1-1 所示是 VMware 企业网站。

图 1-1-1　VMware 企业网站

2）VirtualBox

VirtualBox 是一款开源虚拟机软件。VirtualBox 是由德国 Innotek 公司开发、由 Sun Microsystems 公司出品的软件，在 Sun 公司被甲骨文公司收购后正式更名成 Oracle VM VirtualBox。Innotek 公司以 GNU General Public License（GPL）释出 VirtualBox，并提供二进制版本及 OSE 版本的代码。使用者可以在 VirtualBox 上安装并且执行 Solaris、Windows、DOS、Linux、OS/2 Warp、BSD 等系统作为客户端操作系统。VirtualBox 已由甲骨文公司进行开发，是甲骨文公司 xVM 虚拟化平台技术的一部分。图 1-1-2 所示是 VirtualBox 企业网站。

图 1-1-2　VirtualBox 企业网站

3）Virtual PC

Virtual PC 是最新的微软虚拟化技术。使用此技术可在一台计算机上同时运行多个操作系统。和其他虚拟机功能一样，VirtualPC 可以在计算机上能同时模拟多台计算机，虚拟的计算机使用起来与真实的计算机一样，可以进行 BIOS 设定、硬盘分区、格式化，操作系统安装等功操作。

四、制定工作计划

五、任务实施

1. 下载 VMware Workstation Player 虚拟机软件

打开浏览器进入 VMware 软件的官方网站,从"下载"菜单中选择"免费产品下载"选项,再选择 Workstation Player 产品,如图 1-1-3 所示。弹出子页面后单击"立即下载"按钮,如图 1-1-4 所示。VMware 虚拟机产品下载页面网址为"https://www.vmware.com"。

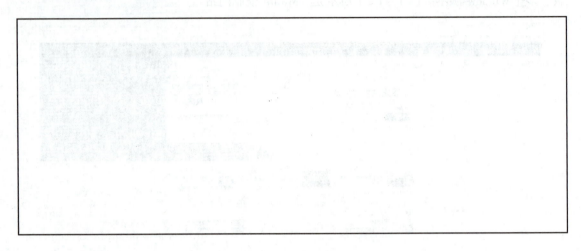

图 1-1-3 VMware 产品选择

图 1-1-4 VMware Workstation Player 下载

2. 安装 VMware Workstation Player 虚拟机

（1）双击刚刚下载的 VMware Workstation Player 安装包，进入安装向导界面后单击"下一步"按钮，如图 1–1–5 所示。

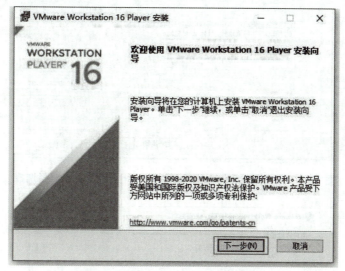

图 1–1–5　VMware Workstation Player 虚拟机安装向导

（2）勾选"我接受许可协议中的条款"复选框，然后单击"下一步"按钮，如图 1–1–6 所示。

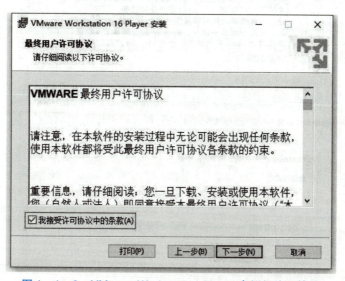

图 1–1–6　VMware Workstation Player 虚拟机许可协议

（3）根据需求情况，配置软件安装路径，完成后单击"下一步"按钮，如图 1–1–7 所示。

（4）勾选用户体验选项复选框后，单击"下一步"按钮，如图 1–1–8 所示。

（5）勾选快捷方式选项复选框，后续可以通过桌面图标直接运行软件，然后单击"下一步"按钮，如图 1–1–9 所示。

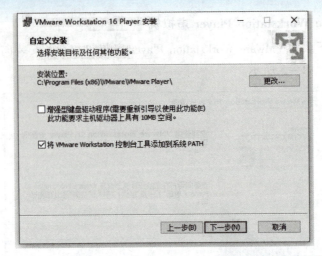

图1-1-7 VMware Workstation Player 虚拟机安装路径选择

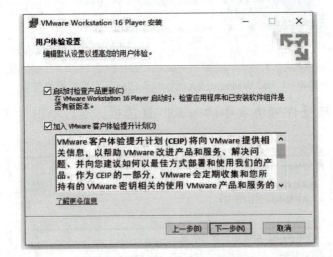

图1-1-8 VMware Workstation Player 虚拟机用户体验设置

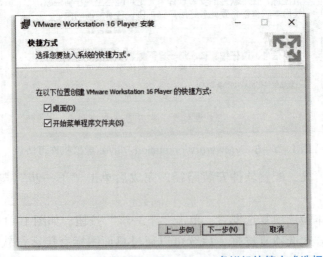

图1-1-9 VMware Workstation Player 虚拟机快捷方式选择

(6) 单击"安装"按钮，进行软件安装，如图 1-1-10 所示。

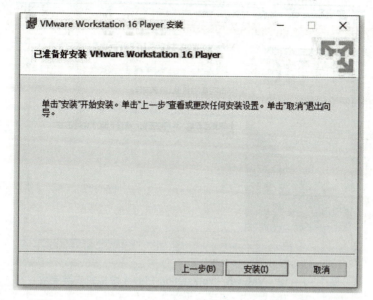

图 1-1-10　VMware Workstation Player 虚拟机安装开始

(7) 等待几分钟后，系统将提示虚拟机安装完成，如图 1-1-11 和图 1-1-12 所示。

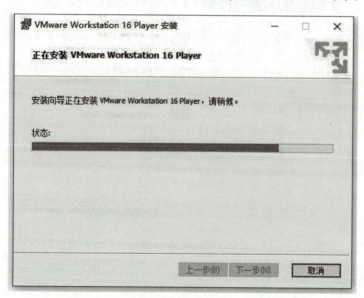

图 1-1-11　VMware Workstation Player 虚拟机安装过程

(8) 双击桌面软件快捷方式图标，启动 VMware Workstation Player 虚拟机，如图 1-1-13 所示。

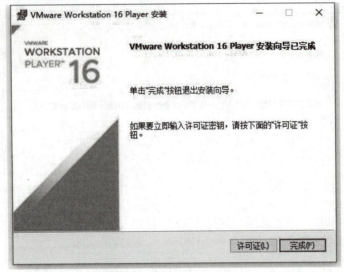

图 1-1-12　VMware Workstation Player 虚拟机安装完成

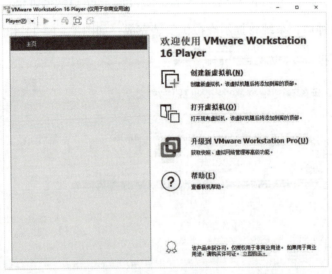

图 1-1-13　启动 VMware Workstation Player 虚拟机

六、知识拓展

1. 计算机虚拟化技术

虚拟化是一个广义的术语，在计算机方面通常是指计算元件在虚拟的基础上而不是真实的基础上运行。虚拟化技术可以扩大硬件的容量，简化软件的重新配置过程。CPU 的虚拟化技术可以使用单 CPU 模拟或多 CPU 并行，允许一个平台同时运行多个操作系统，并且使应用程序可以在相互独立的空间内运行而互不影响，从而显著提高计算机的工作效率。

虚拟化技术与多任务以及超线程技术是完全不同的。多任务是指在一个操作系统中多个程序同时并行运行，而在虚拟化技术中，则可以同时运行多个操作系统，而且每个操作系统中都有多个程序运行，每个操作系统都运行在一个虚拟的 CPU 或者虚拟主机上；超线程技术只是单 CPU 模拟双 CPU 来平衡程序运行性能，这两个模拟出来的 CPU 是不能分离的，只能协同工作。虚拟化技术与如今的 VMware 虚拟机等同样能达到虚拟效果，是一个巨大的技术进步，具体表现在减少虚拟机相关开销和支持更广泛的操作系统方面。

2. 虚拟化技术的优势

虚拟化技术所能提供的优势取决于客户的目标、所选择的特殊虚拟技术以及现有的 IT 基础架构，表现为获得更高的资源利用率，降低管理成本，提高使用灵活性，提高安全性，具有更高的可用性、更高的可扩展性、互操作性和改进资源供应。

七、课后习题

1. 选择题

（1）常见的虚拟机产品有（　　）。
A. VMware　　　　　B. VirtualBox　　　　C. Virtual PC　　　　D. 以上都是

（2）虚拟化技术的优势不包括（　　）。
A. 提高资源利用率　　B. 降低管理成本　　　C. 提高安全性　　　　D. 价格低

（3）在虚拟机中可以模拟添加的设备包括（　　）。
A. 网卡　　　　　　　B. 磁盘　　　　　　　C. 声卡　　　　　　　D. 以上都对

2. 判断题

（1）VMware 虚拟机可以安装多个不同的操作系统。　　　　　　　　　　　　（　　）
（2）虚拟化技术与多任务以及超线程技术是完全不同的。　　　　　　　　　　（　　）
（3）流行的虚拟机软件有 VMware、VirtualBox 和 VirtualPC。　　　　　　　（　　）
（4）VMware 虚拟机产品只有付费版本。　　　　　　　　　　　　　　　　　（　　）

3. 简答题

请简述虚拟机可以提供什么功能。

项目1-任务1 质量自检/交付验收表

专业：_____ 班级：_____ 小组：_____ 姓名：_____

八、质量自检

质量自检见表1-1-1。

表1-1-1 质量自检

序号	名称	完成情况	备注
1	桌面生成软快捷方式件图标	□是 □否	
2	正常运行软件	□是 □否	
3	清理软件安装包	□是 □否	
4	整理器材与设备	□是 □否	

九、交付验收

验收明细见表1-1-2。

表1-1-2 验收明细

验收项目	验收内容	验收情况
功能/性能	VMware 虚拟机软件安装路径为"D:\VMware"	
	系统桌面添加 VMware 快捷方式图标	
	正常开启运行 VMware 虚拟机	
程序	VMware 安装包	
用户手册	VMware 安装手册	

验收人：　　　　　　　　　　　　　　　确认人：

1.2 任务2 配置 VMware Workstation Player 虚拟机

一、任务情境描述

VMware Workstation Player 虚拟机安装完成后就可以进行虚拟机创建和配置等应用。本任务通过学习创建虚拟机和修改虚拟机配置信息来掌握 VMware Workstation Player 虚拟机部署方法。

二、能力目标

（1）能了解计算机的基本机构。
（2）能掌握新建 VMware Workstation Player 虚拟机的方法。
（3）能掌握配置 VMware Workstation Player 虚拟机的步骤。

配置 VMware Workstation Player 虚拟机

三、知识准备

下面介绍计算机硬件组成。

自第一台计算机发明以来，计算机系统技术已经得到了很大的发展。大部分计算机内部结构仍采用冯·诺依曼体系。计算机硬件系统由运算器、控制器、存储器、输入设备和输出设备五部分组成。计算机硬件系统是组成计算机的各种物理设备，也就是看得见、摸得着的实际物理设备，主要包括机箱、主板、电源、中央处理器（CPU）、内存、硬盘、显示卡、输入设备、输出设备、CPU 风扇、蜂鸣器等，如图 1-2-1 所示。

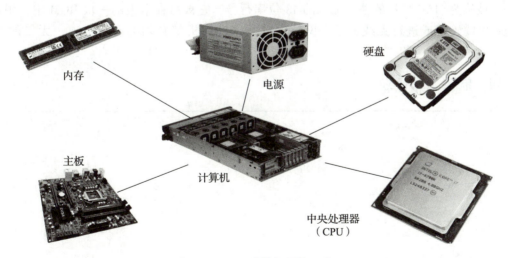

图 1-2-1 计算机硬件组成

1. 中央处理器

中央处理器（以下简称 CPU）作为计算机系统的运算和控制核心，是信息处理、程序运行的最终执行单元。CPU 的主要功能是解释计算机指令以及处理计算机软件中的数据。

CPU是计算机中负责读取指令、对指令进行译码并执行指令的核心部件。CPU主要包括两个部分，即控制器、运算器，还包括高速缓冲存储器及实现它们之间联系的数据、控制总线。

2. 主板

主板又叫系统板，是计算机最基本，也最重要的部件之一，在整个计算机系统中扮演着举足轻重的角色。主板制造质量的高低，决定了硬件系统的稳定性。主板与CPU关系密切，也是主机箱内面积最大的一块印刷电路板。主板的主要功能是传输各种电子信号，部分芯片也负责初步处理一些外围数据。计算机主机中的各个部件都是通过主板连接的。计算机在正常运行时对系统内存，存储设备和其他输入、输出设备的操控都必须通过主板来完成。

3. 内存

内存也称内存储器或主存储器，它用于暂时存放CPU中的运算数据、与硬盘等外部存储器交换的数据。内存是外存与CPU进行沟通的桥梁，计算机运行时操作系统会把需要运算的数据从内存调到CPU中进行运算，当运算完成后CPU将结果传送出来。内存性能的强弱影响着计算机的整体水平。

4. 硬盘

硬盘是计算机最主要的存储设备，正常运行的大部分软件都存储在硬盘上。如果从存储数据的介质来区分，硬盘可分为机械硬盘（Hard Disk Drive，HDD）和固态硬盘（Solid State Disk，SSD）。机械硬盘采用磁性碟片存储数据；固态硬盘通过闪存颗粒存储数据。

5. 网卡

网卡是一块被设计用来允许计算机在计算机网络上进行通信的计算机硬件。每个网卡都有一个被称为MAC地址的独一无二的48位串行号，它被写在卡上的一块ROM中，用户可以通过电缆连接或进行无线连接，网络上的每个计算机都必须拥有一个独一无二的MAC地址。

四、制定工作计划

五、任务实施

1. 新建 VMware Workstation Player 虚拟机

（1）运行已安装的 VMware Workstation Player 虚拟机，单击"创建新虚拟机"链接，如图 1-2-2 所示。

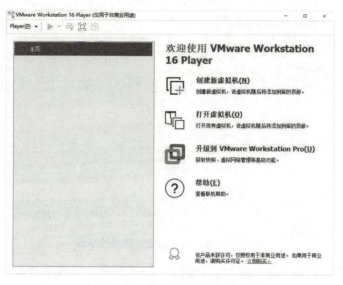

图 1-2-2　创建新虚拟机

（2）选择"稍后安装操作系统"选项，如图 1-2-3 所示。若有操作系统安装包，可以直接选择安装程序光盘路径，设置后单击"下一步"按钮。

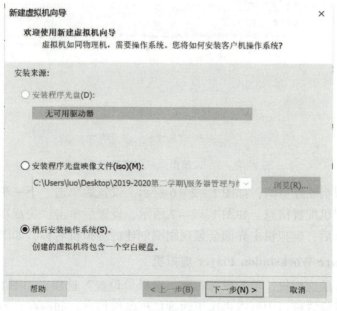

图 1-2-3　选择安装源

(3) 设置拟安装的操作系统名称,如图 1-2-4 所示。这里只是虚拟机中显示的名称信息,不是具体的操作系统,设置后单击"下一步"按钮。

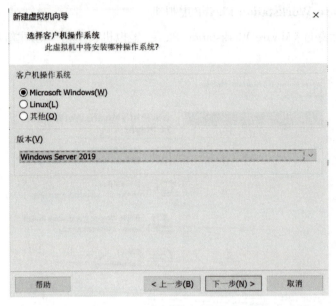

图 1-2-4 选择拟安装的操作系统

(4) 设置虚拟机名称和保存路径,如图 1-2-5 所示,设置后单击"下一步"按钮。

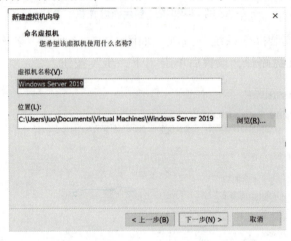

图 1-2-5 设置虚拟机保存路径及名称

(5) 设置虚拟机硬盘空间,如图 1-2-6 所示,设置后单击"下一步"按钮。
(6) 查看虚拟机配置信息,如图 1-2-7 所示,设置后单击"完成"按钮。
(7) 新建完成后,虚拟机主界面会显现刚刚创建的虚拟机名称,如图 1-2-8 所示。

2. 配置 VMware Workstation Player 虚拟机

(1) 选中新建的虚拟机,单击鼠标右键,选择"设置"选项,如图 1-2-9 所示。
(2) 在虚拟机设置窗口中可以再次更改虚拟机参数信息,如内存、处理器、硬盘、CD/DVD、网卡适配器等数据,如图 1-2-10 所示。

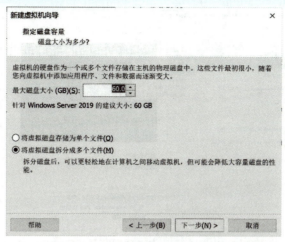

图1-2-6 设置虚拟机硬盘空间

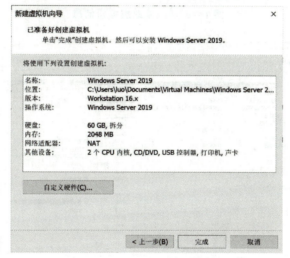

图1-2-7 查看虚拟机配置信息

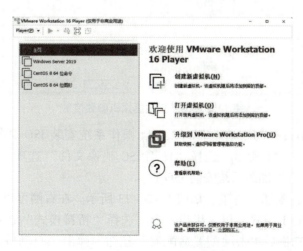

图1-2-8 虚拟机新建完成

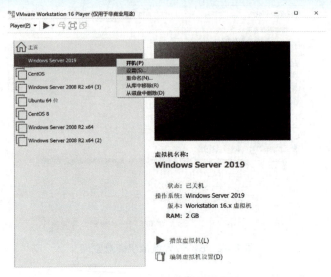

图 1-2-9　修改虚拟机信息

图 1-2-10　更改虚拟机参数信息

(3) 选择 "CD/DVD" 项，在右侧可以添加操作系统安装 ISO 文件（系统安装将在项目 2 讲解），如图 1-2-11 所示。选择"使用 ISO 映像文件"选项，单击"浏览"按钮，如图 1-2-12 所示，可以加载系统安装 ISO 包。

(4) 选择"网络适配器"选项，如图 1-2-13 所示。在右侧可以进行网卡连接方式的修改，如桥接模式、NAT 模式、仅主机模式等。选择"桥接模式"选项并勾选"复制到物理网络连接状态"复选框后单击"配置适配器"按钮，弹出"自动桥接设置"对话框，如图 1-2-14 所示，选择物理机网络适配器（名称查看方法见本任务"知识扩展"）。

项目1 虚拟机安装配置

图1-2-11 "CD/DVD"选项

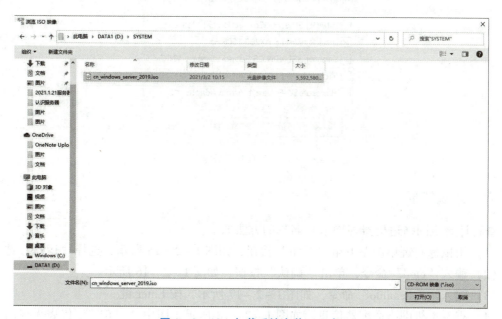

图1-2-12 加载系统安装ISO包

图1-2-13 "网络适配器"选项

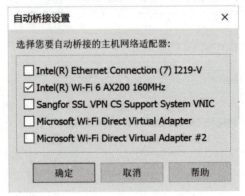

图1-2-14 "自动桥接设置"对话框

六、知识拓展

查看计算机网络适配器(网卡)名称的方法如下:

(1)用鼠标右键单击左下角"开始"按钮,如图1-2-15所示,选择"运行"选项。

(2)输入"cmd"命令,单击"确认"按钮,如图1-2-16所示。

(3)输入"systeminfo"命令,如图1-2-17所示,按Enter键。

(4)查看本机网络适配器信息,如图1-2-18所示。图中"[01]"代表无线网卡型号,"[02]"代表有线网卡型号,这样就可以知道计算机的网卡型号。

图1－2－15　选择"运行"选项

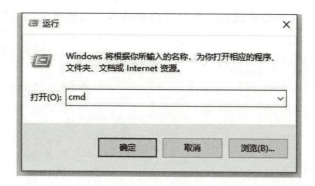

图1－2－16　运行命令窗口

图1－2－17　命令提示符窗口

七、课后习题

1. 选择题

（1）计算机机箱中常见的设备包括（　　）。

A. 中央处理　　　　　　B. 内存　　　　　　C. 硬盘　　　　　　D. 投影仪

图 1-2-18　查看网络适配器名称

（2）计算机网络适配器的主要功能是（　　　）。

A. 接收数据　　　　　　B. 发送数据　　　　　　C. 处理数据　　　　　　D. 以上都不是

（3）内存也称为内存储器或主存储器，它用于（　　　）。

A. 暂时存放 CPU 中的运算数据　　　　　　B. 与硬盘等外部存储器交换数据

C. 在程序加载时临时存储数据　　　　　　D. 以上都包括

2. 填空题

（1）输入（　　　）命令可以查看本机网络适配器信息。

（2）（　　　）是计算机最主要的存储设备，正常运行的大部分软件都存储在该设备中。

（3）（　　　）又叫作系统板，是计算机最基本，也最重要的部件之一。

3. 简答题

描述冯·诺依曼体系结构的计算机由哪几部分组成。

项目1－任务2 质量自检/交付验收表

专业：_____   班级：_____   小组：_____   姓名：_____

八、质量自检

质量自检见表1－2－1。

表1－2－1 质量自检

序号	名称	完成情况		备注
1	虚拟机软件正常运行	□是	□否	
2	新建虚拟机成功	□是	□否	
3	虚拟机网络桥接模式配置	□是	□否	
4	整理软件安装包	□是	□否	
5	整理器材与设备	□是	□否	

九、交付验收

验收明细见表1－2－2。

表1－2－2 验收明细

验收项目	验收内容	验收情况
功能/性能	正常运行虚拟机软件	
	创建名为"cqcet"的虚拟机	
	获取物理机网卡名称	
	虚拟机内存容量为3GB	
	虚拟机硬盘容量为40GB	
	设置虚拟机网络桥接模式	
用户手册	VMware 配置手册	

验收人：　　　　　　　　　　　　　　　　　　　　确认人：

1.3 任务3　安装 Oracle VM VirtualBox 虚拟机

一、任务情境描述

VMware Workstation Player 和 Oracle VM VirtualBox 都是比较优秀的虚拟机软件，如果要使用 VMware Workstation Player 的高级功能，需要购买相关产品才能提供应用服务，而 Oracle VM VirtualBox 是一款开源虚拟机软件，使用 Oracle VM VirtualBox 虚拟机可以在很大程度上降低学习成本。本任务介绍 Oracle VM VirtualBox 虚拟机下载与安装方法。

二、能力目标

（1）能掌握下载 Oracle VM VirtualBox 虚拟机的方法。
（2）能掌握安装 Oracle VM VirtualBox 虚拟机的步骤。

三、知识准备

参考任务1。

四、制定工作计划

五、任务实施

1. 下载 Oracle VM VirtualBox 虚拟机软件

打开浏览器进入 VirtualBox 的官方网站，在页面中单击"Download"按钮，如图 1-3-1 所示。进入下载页面后，如图 1-3-2 所示，可以选择下载版本，本任务基于 Windows 操作系统平台，所以下载"Windows hosts"版本。VirtualBox 官方网站地址为"https://www.virtualbox.org"。

图 1-3-1　VirtualBox 官方网站

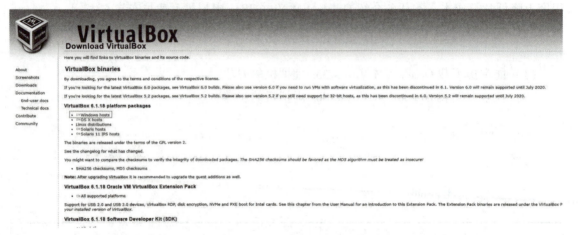

图 1-3-2　VirtualBox 下载页面

2. 安装 Oracle VM VirtualBox 虚拟机

（1）双击刚刚下载的 Oracle VM VirtualBox 安装包，进入安装向导界面，单击"下一步"按钮，如图 1-3-3 所示。

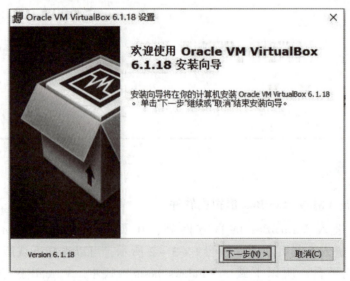

图 1-3-3　Oracle VM VirtualBox 虚拟机安装向导

(2) 根据需求情况，选择安装内容和配置软件安装路径，完成后单击"下一步"按钮，如图 1-3-4 所示。

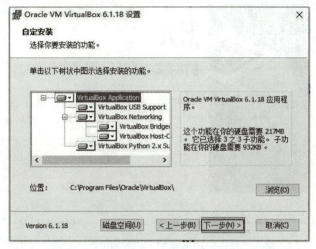

图 1-3-4　Oracle VM VirtualBox 虚拟机安装路径选择

(3) 根据需求勾选安装选项复选框，本任务默认全部勾选，完成后单击"下一步"按钮，如图 1-3-5 所示。

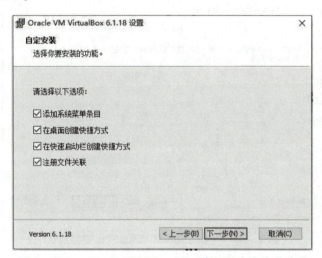

图 1-3-5　Oracle VM VirtualBox 虚拟机自定安装选项

(4) 安装中会重置网络，确认后单击"是"按钮继续进行软件安装，如图 1-3-6 所示。

(5) 单击"安装"按钮开始安装，如图 1-3-7 所示。

(6) 单击"安装"按钮，进行 Oracle VM VirtualBox 通用串行总线的安装，如图 1-3-8 所示。

(7) 等待几分钟后，将提示虚拟机安装完成，如图 1-3-9 所示。

(8) 双击桌面软件快捷方式图标，启动 Oracle VM VirtualBox 虚拟机，如图 1-3-10 所示。

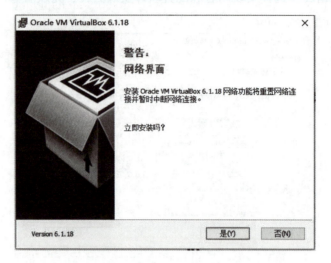

图1-3-6 Oracle VM VirtualBox 安装警告

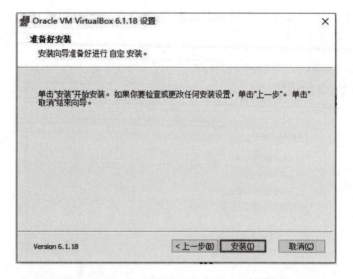

图1-3-7 Oracle VM VirtualBox 安装确认

图1-3-8 Oracle MV VirtualBox 通用串行总线的安装

项目1 虚拟机安装配置

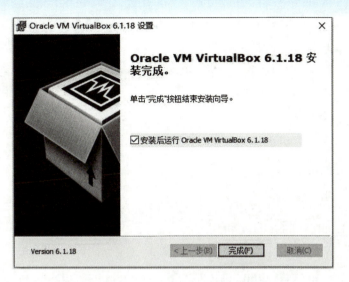

图 1–3–9 Oracle VM VirtualBox 安装完成

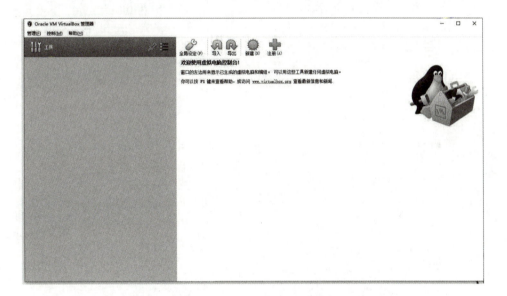

图 1–3–10 启动 Oracle VM VirtualBox 虚拟机

项目1-任务3 质量自检/交付验收表

专业：_____ 班级：_____ 小组：_____ 姓名：_____

六、质量自检

质量自检见表1-3-1。

表1-3-1 质量自检

序号	名称	完成情况	备注
1	桌面生成软件快捷方式图标	□是 □否	
2	正常运行虚拟机软件	□是 □否	
3	清理软件安装包	□是 □否	
4	整理器材与设备	□是 □否	

七、交付验收

验收明细见表1-3-2。

表1-3-2 验收明细

验收项目	验收内容	验收情况
功能/性能	Oracle VM VirtualBox 虚拟机软件安装位置为"D:\vbox"	
	正常运行 Oracle VM VirtualBox 虚拟机	
程序	Oracle VM VirtualBox 安装包	
用户手册	Oracle VM VirtualBox 安装手册	
验收人：		确认人：

31

1.4 任务 4　配置 Oracle VM VirtualBox 虚拟机

一、任务情境描述

完成 Oracle VM VirtualBox 虚拟机的安装任务后就可以对虚拟机进行创建和配置，本任务介绍如何创建和修改 Oracle VM VirtualBox 虚拟机配置，以掌握 Oracle VM VirtualBox 虚拟机常见部署方法。

二、能力目标

（1）能掌握创建 Oracle VM VirtualBox 虚拟机的流程。
（2）能掌握配置 Oracle VM VirtualBox 虚拟机的步骤。

配置 Oracle VM VirtualBox 虚拟机

三、知识准备

参考任务 2。

四、制定工作计划

五、任务实施

1. 创建 Oracle VM VirtualBox 虚拟机

（1）启动 Oracle VM VirtualBox 虚拟机应用程序，进入软件界面，选择"新建"选项，如图 1-4-1 所示。

（2）输入新建虚拟机信息和存储地址后单击"下一步"按钮，如图 1-4-2 所示。

（3）调整虚拟机内存容量，完成后单击"下一步"按钮，如图 1-4-3 所示。

项目1 虚拟机安装配置

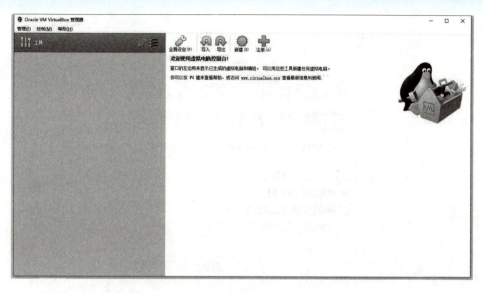

图1-4-1 Oracle VM VirtualBox 软件界面

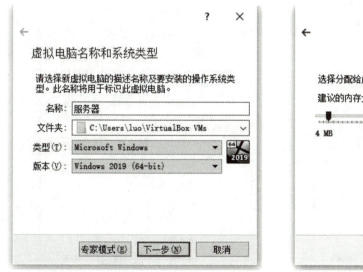

图1-4-2 修改 Oracle VM VirtualBox
虚拟机名称与地址

图1-4-3 修改虚拟机内存容量

（4）创建虚拟硬盘，选择"现在创建虚拟硬盘"选项后单击"创建"按钮，如图1-4-4所示。

（5）选择"VDI（VirtualBox 磁盘映像）"选项，然后单击"下一步"按钮，如图1-4-5所示。

（6）设置虚拟磁盘容量与存储位置，完成后单击"创建"按钮，如图1-4-6所示。

（7）单击刚刚创建的虚拟机名称，在右侧可以查看虚拟机信息，如图1-4-7所示。

2. 配置 Oracle VM VirtualBox 虚拟机

（1）选中新创建的虚拟机，单击鼠标右键选择"设置"选项，如图1-4-8所示。

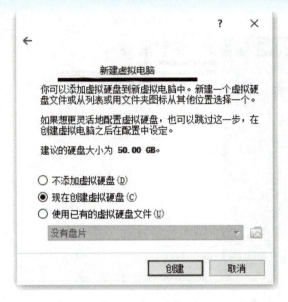

图1-4-4 创建虚拟硬盘

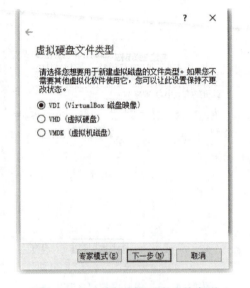

图1-4-5 选择虚拟磁盘文件类型

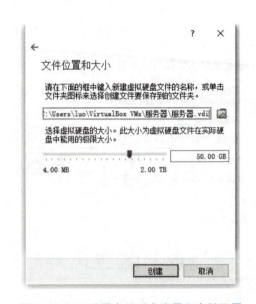

图1-4-6 设置虚拟磁盘容量和存储位置

（2）在弹出的"服务器-设置"对话框中，可以修改虚拟机配置信息，如常规、系统、显示等，如图1-4-9所示。

（3）在"服务器-设置"对话框中选择"存储"→"没有盘片"选项，最后选择右边"属性"区域中的"选择虚拟盘"选项。该功能可以添加操作系统安装ISO文件（系统安装将在项目2中讲解），如图1-4-10所示。

（4）在"服务器-设置"对话框中选择"网络"选项，再在"连接方式"下拉列表中选择虚拟机网络接入模式，如图1-4-11所示。注：后续任务中大多采用桥接网卡模式。

项目1 虚拟机安装配置

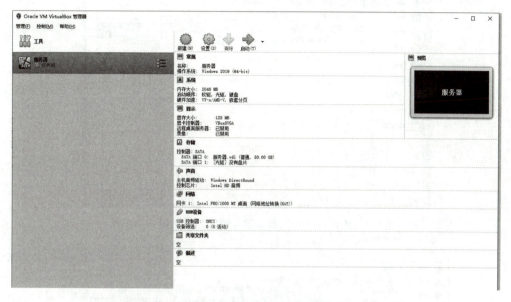

图1-4-7 查看虚拟机信息

图1-4-8 配置虚拟机

图1-4-9 "服务器-设置"对话框

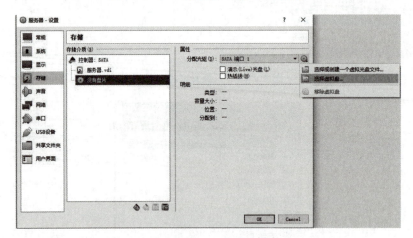

图1-4-10 存储设置

图1-4-11 设置网络连接模式

六、知识拓展

1. 桥接模式

虚拟机中的桥接模式是 3 种模式中最简单的一种,在这种模式下虚拟机相当于局域网中的一台独立机器,和物理机(主机)处于同一个网段和网关,桥接模式下虚拟机系统内网络设置成自动获取 IP 地址就能直接连网。

2. NAT 模式

如果网络 IP 地址资源紧缺,但是又希望虚拟机能够连网,这时 NAT 模式是最好的选择。NAT 模式借助虚拟 NAT 设备和虚拟 DHCP 服务器使虚拟机可以连网。

3. Host – Only 模式

Host – Only 模式其实就是 NAT 模式去除了虚拟 NAT 设备,使用虚拟网卡连接虚拟交换机来与虚拟机通信。Host – Only 模式将虚拟机与外网隔开,使虚拟机成为一个独立的系统,只与主机通信,所以虚拟网络只能访问主机,不能访问 Internet。

七、课后习题

1. 选择题

(1) 虚拟机中常见的网络模式有(   )。
A. 桥接模式　　　　　B. NAT 模式　　　　　C. 主机模式　　　　　D、以上都正确

(2) NAT 模式借助虚拟 NAT 设备和虚拟(   )服务器使虚拟机可以连网。
A. DHCP　　　　　　B. DNS　　　　　　　C. FTP　　　　　　　D. Web

(3) 虚拟机的硬盘是借用(   )区域的空间。
A. 真实计算机的硬盘　　　　　　　　　　B. 真实计算机的内存
C. 真实计算机的 CPU　　　　　　　　　　D. 虚拟机硬盘空间

2. 判断题

(1) Host – Only 模式其实就是 NAT 模式去除了虚拟 NAT 设备,使用虚拟网卡连接虚拟交换机来与虚拟机通信。　　　　　　　　　　　　　　　　　　　　　　　　　(   )

(2) Oracle VM VirtualBox 虚拟机是收费软件。　　　　　　　　　　　　　(   )

(3) Oracle VM VirtualBox 虚拟机可以把多个虚拟机通过网络互连起来。　(   )

3. 简答题

请简述虚拟机的应用领域。

项目1-任务4 质量自检/交付验收表

专业：_____　　班级：_____　　小组：_____　　姓名：_____

八、质量自检

质量自检见表1-4-1。

表1-4-1 质量自检

序号	名称	完成情况	备注
1	桌面生成软件快捷方式图标	□是　□否	
2	正常运行虚拟机软件	□是　□否	
3	配置虚拟机网络连接模式为桥接模式	□是　□否	
3	清理软件安装包	□是　□否	
4	整理器材与设备	□是　□否	

九、交付验收

验收明细见表1-4-2。

表1-4-2 验收明细

验收项目	验收内容	验收情况
功能/性能	Oracle VM VirtualBox 虚拟机软件安装路径为"D：\VBox"	
	系统桌面添加 Oracle VM VirtualBox 快捷方式	
	正常开启运行 Oracle VM VirtualBox 虚拟机	
程序	Oracle VM VirtualBox 安装包	
用户手册	Oracle VM VirtualBox 安装手册	
	Oracle VM VirtualBox 配置手册	
验收人：		确认人：

项目 2
Windows Server 2019 操作系统部署

项目目标

√ 了解网络操作系统技术；
√ 了解计算机网络基础；
√ 了解服务器技术基础；
√ 掌握 Windows Server 2019 网络操作系统的搭建方法；
√ 掌握 Windows Server 2019 应用服务平台部署方法；
√ 掌握 Windows Server 2019 网络操作系统的备份与还原。

建议学时

√ 22 学时。

项目任务

√ 任务1：安装 Windows Server 2019 网络操作系统；
√ 任务2：Windows Server 2019 网络操作系统网络配置与测试；
√ 任务3：Windows Server 2019 网络操作系统名称设置与系统更新配置；
√ 任务4：Windows Server 2019 网络操作系统用户创建与远程桌面连接设置；
√ 任务5：Windows Server 2019 网络操作系统 Web 服务器安装与配置；
√ 任务6：Windows Server 2019 网络操作系统 FTP 服务器安装与配置；
√ 任务7：Windows Admin Center 安装与配置；
√ 任务8：Windows Server 2019 网络操作系统 DNS 服务器安装与配置；
√ 任务9：Windows Server 2019 网络操作系统 DHCP 服务器安装与配置；
√ 任务10：Windows Server 2019 网络操作系统活动目录搭建与终端用户接入；
√ 任务11：Windows Server 2019 网络操作系统备份与还原。

> **学习流程与活动**
> √ 获取任务；
> √ 制定计划；
> √ 安装配置；
> √ 质量自检；
> √ 交付验收。

2.1 任务 1　安装 Windows Server 2019 操作系统

认识 Windows
Server 2019 操作系统

一、任务情境描述

使用 QQ 或微信等即时聊天软件，通过手机、计算机浏览互联网信息，或者通过网络观看视频和直播等多媒体资源，这些应用都基于服务器上的网络操作系统和应用平台。本任务介绍服务器和网络操作系统以及下载、安装网络操作系统的方法。

二、能力目标

（1）能了解服务器基础技术。
（2）能了解网络操作系统基础知识。
（3）能掌握下载 Windows Server 2019 操作系统的方法。
（4）能掌握安装 Windows Server 2019 操作系统的步骤。

安装 Windows
Server 2019 操作系统

三、知识准备

1. 认识服务器

服务器是计算机的一种，它比普通计算机运行更快、负载更高、价格更高，如图 2-1-1 所示。服务器在网络中通常为其他客户机（如 PC、智能手机、ATM 等终端）提供计算或者应用服务。服务器具有高速的 CPU 运算能力、长时间可靠运行能力、强大的 I/O 外部数据吞吐能力以及更好的扩展性。根据服务器所提供的服务，一般来说服务器都具备响应服务请求、承担服务、保障服务的能力。服务器作为电子设备，其内部的结构十分复杂，但与普通的计算机内部结构相差不大，包含 CPU、硬盘、内存、系统、输入、输出设备等，如图 2-1-2 所示。

2. 服务器的分类

从不同角度观察服务器，服务器有不同的分类方法。根据服务器的功能可以把服务器分为文件/打印服务器、数据库服务器、应用程序服务器，如图 2-1-3 所示。

项目2　Windows Server 2019操作系统部署

图2-1-1　常见的服务器

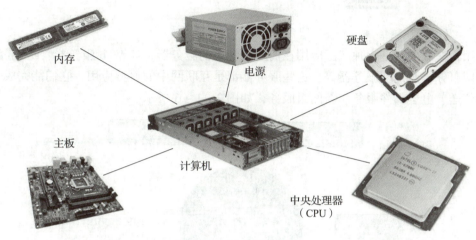

图2-1-2　服务器结构

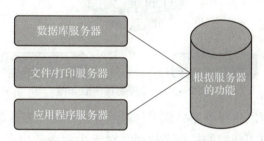

图2-1-3　服务器的分类

文件/打印服务器是最早的服务器种类，它可以执行文件存储和打印机资源共享的服务，这种服务器在办公环境里得到了广泛应用，如图2-1-4所示。

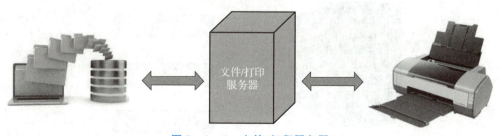

图2-1-4　文件/打印服务器

数据库服务器运行数据库系统软件，用于存储和操纵数据，向用户提供数据的增、删、改、插等操作服务，如图2-1-5所示。

43

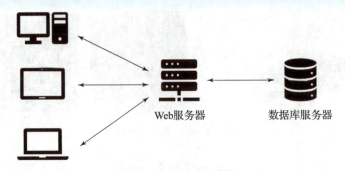

图 2-1-5 数据库服务器

应用程序服务器是一种广泛应用在商业系统中的服务器,如 Web 服务器、E-Mail 服务器、新闻服务器、代理服务器等,这些服务器都是互联网中的典型应用,它们能完成主页的存储和传送、电子邮件服务、新闻组服务,如图 2-1-6 所示。

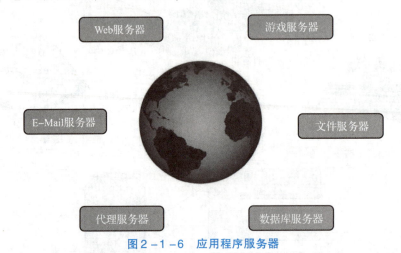

图 2-1-6 应用程序服务器

根据服务器的规模可以将服务器分成工作组服务器、部门服务器和企业服务器。这类服务器主要是根据服务器应用环境的规模来选择。对于小型企业中有 10 台左右客户机应用需求的场景,适合使用工作组服务器,这种服务器往往采用单或双 CPU,硬盘容量较小,网络吞吐能力一般,如图 2-1-7 所示。

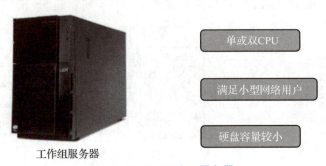

图 2-1-7 工作组服务器

对于企业中有几十台客户机应用需求的场景,适用使用部门服务器。部门服务器相对于工作组服务器数据处理能力更强，往往采用 2~4 个 CPU，内存和磁盘容量较大，磁盘 I/O 能力和网络 I/O 能力也较强，如图 2-1-8 所示。

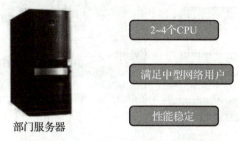

图 2-1-8 部门服务器

企业服务器往往服务百台以上客户机，为了响应大量服务请求，这种服务器往往采用 4 个以上 CPU，有大容量的硬盘和内存空间，并且能够进一步扩展以满足更高的需求，同时由于要应付大量的访问，企业服务器的网络速度和磁盘读取速度要求较高，往往要采用多个网卡和多个硬盘并行处理，如图 2-1-9 所示。

图 2-1-9 企业级服务器

根据体系结构不同，服务器可以分成 IA（采用英特尔处理器）架构服务器和 RISC（精简指令集）架构服务器。IA 架构服务器采用 CISC 体系结构，即复杂指令集体系结构，这种体系结构的特点是指令较长，指令的功能较强，单个指令可执行的功能较多，这样可以通过增加运算单元，使一个指令所执行的功能能够并行执行以提高运算能力。RISC 架构服务器采用精简指令集 CPU，精简指令集 CPU 的主要特点是采用定长指令，使用流水线执行指令，这样一个指令的处理可以分成几个阶段，CPU 设置不同的处理单元执行指令的不同阶段。

3. 服务器的特性

服务器硬件都经过专门的开发，不同厂商的服务器具有不同的专项基础，因此服务器的成本和售价远远高于普通 PC——从数千元到百万元或千万元，大型服务器的价格甚至高达上亿元。在企业中，企业的业务会不断增长或变动，对于服务器的性能需求也会随之增长，所以如果服务器没有良好的扩展性，就不能适应未来一段时间企业业务扩展的需求，一台昂贵的服务器在很短时间内就被淘汰，这是企业无法承受的。如图 2-1-10 所示，服务器的扩展性一般体现在处理器、内存、硬盘以及输入、输出设备等部分，如处理器插槽数目、内存插槽数目、硬盘托架数目和 I/O 插槽数目等。

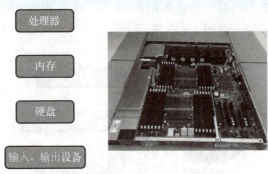

图 2-1-10 服务器的扩展性

服务器的扩展性也会受到服务器机箱类型的限制，如塔式服务器具备较大的机箱，扩展性一般优于密集型部署设计的机架式服务器，如图 2-1-11 所示。为了保持可扩展性，通常需要使服务器具备一定的可扩展空间和冗余件。

图 2-1-11 服务器机箱分类
(a) 塔式服务器；(b) 机架式服务器

服务器的可用性也可以看成"可靠性"，即所选服务器能满足长期稳定工作的要求。比如金融、航空、医疗等特殊领域，几乎要求服务器"永不中断"，一旦服务器出现故障，造成的损失不可估量，如图 2-1-12 所示。所以说服务器的可用性至关重要，为了达到高可用性，服务器部件都经过专门设计，如降低处理器频率、提升工艺手段等来减小发热量，对内存采用纠错和镜像技术提升其可靠性，在磁盘上采用热插拔、磁盘阵列等技术为数据提供保护。

图 2-1-12 服务器的可靠性

服务器的易管理性可以帮助企业人员及时管理、监控服务器的工作状态，及时发现并排除服务器故障，减小服务器出现故障造成的损失。目前大部分服务器产品都具有丰富的管理特性，如采用免拆卸工具、硬件模块化设计、远程报警监控系统等，如图2-1-13所示。

远程报警监控系统　　免拆卸工具　　硬件模块化设计

图2-1-13　服务器的易管理性

服务器的易用性表现在机箱和部件是否容易拆装、设计是否人性化、管理系统是否丰富便捷、有无专业和快捷的服务等。

4. 认识网络操作系统

网络操作系统是运行在服务器硬件上的计算机软件，是一种面向计算机网络的操作系统，借由网络传递数据与各种消息，允许网络中的多台计算机访问共享资源。在服务器中，网络操作系统处于服务器硬件层之上，应用服务层之下。网络操作系统主要负责管理与配置服务器硬件资源、决定系统资源与应用服务程序的供需优先次序、管理文件系统等基本事务。用户可以使用终端设备如PC、智能手机等工具，通过网络访问服务器的网络操作系统，如图2-1-14所示。网络操作系统内部由网络驱动程序、网络通信协议和应用层协议3个部分组成。网络驱动程序主要提供网络操作系统与网络硬件通信的服务，网络通信协议是网络收发数据的协议，应用层协议通常与网络通信协议交互，为用户提供应用服务，如图2-1-15所示。

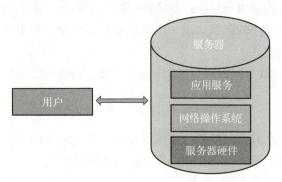

图2-1-14　用户访问网络操作系统

5. 网络操作系统的特点

网络操作系统通常具有复杂性、并行性、高效性和安全性等特点。

1）复杂性

网络操作系统一方面要对全网资源进行管理，以实现整个网络的资源共享，另一方面还要负责计算机间的通信与同步。

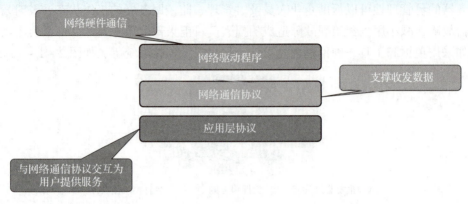

图 2-1-15 网络操作系统内部组成

2）并行性

网络操作系统在每个节点上的程序都可以并发执行，一个用户作业既可以在本地运行，也可以在远程节点上运行。在本地运行时，用户作业还可以分配到多个处理器中并行操作。

3）高效性

网络操作系统多采用多用户、多任务工作方式，使系统运行时具有更高的效率。

4）安全性

网络操作系统提供访问控制策略、系统安全策略和多级安全模型等技术服务，保障系统运行安全。

6. 网络操作系统的工作模式

网络操作系统的工作模式可以分为集中模式、客户机/服务器模式、对等模式。

1）集中模式

集中式网络操作系统是由分时操作系统加上网络功能演变而来的。系统的基本单元由一台主机和若干台与主机相连的终端构成，信息的处理和控制是集中的。

2）客户机/服务器模式

这种模式是最流行的网络操作系统工作模式。服务器是网络的控制中心，并向客户机提供服务。

3）对等模式

采用对等模式的站点都是对等的，既可以作为客户访问其他站点，又可以作为服务器向其他站点提供服务。这种模式具有分布处理和分布控制的功能。

7. 网络操作系统的分类

根据不同的公司和网络操作系统的内部结构，目前市面上主流的网络操作系统可以分为 Windows 类、Linux 类、UNIX 类等。

1）Windows 类

Windows Server 系列是微软公司在 2003 年 4 月 24 日推出服务器操作系统，其核心是 Microsoft Windows Server System，目前最新的版本是 Windows Server 2019，如图 2-1-16 所示。Windows 类网络操作系统在界面图形化、多用户、多任务、网络支持、硬件支持等方面都有良好表现。

图 2-1-16　Windows Server 2019

2）Linux 类

Linux 类网络操作系统的最大的特点就是源代码开放，可以免费得到许多应用程序。Linux 类网络操作系统继承了 UNIX 以网络为核心的设计思想，是一个性能稳定的多用户网络操作系统。Linux 有上百种不同的发行版，目前也有中文版本的 Linux，如红帽子、红旗 Linux、CentOS（图 2-1-17）等。

图 2-1-17　CentOS

3）UNIX 类

UNIX 类网络操作系统在计算机操作系统的发展史上占有重要的地位，它有着高稳定性和高安全性特性。UNIX 一般用于大型的网站或大型的企、事业局域网中。UNIX 和 Linux 最大的区别在于 UNIX 是对源代码实行知识产权保护的传统商业软件，如图 2-1-18 所示。

图 2-1-18　UNIX

四、制定工作计划

五、任务实施

1. 下载 Windows Server 2019 网络操作系统安装文件

（1）Windows Server 2019 是微软公司推出的网络操作系统，通过在浏览器中输入 Windows Server 2019 官方地址（https://www.microsoft.com/zh-cn/windows-server）下载安装文件，如图 2-1-19 所示。单击"马上尝试"按钮，进入下载页面。

图 2-1-19　Windows Server 2019 主页

（2）单击"下载免费试用版"按钮，如图 2-1-20 所示。

图 2-1-20　Windows Server 2019 下载

（3）选择"ISO"选项，再单击"继续"按钮，如图 2-1-21 所示。

（4）填写信息后，单击"继续"按钮即可下载 Windows Server 2019 安装包，如图 2-1-22 所示。

2. 安装 Windows Server 2019 网络操作系统

（1）创建虚拟机并加载 Windows Server 2019 网络操作系统 ISO 文件，如图 2-1-23 所示，参考项目 1 的任务 2 和任务 4。

（2）运行虚拟机后，进入安装向导，如图 2-1-24 所示。若不能进入安装向导，可重新运行虚拟机或在虚拟机开机后快速按任意键。

项目2　Windows Server 2019操作系统部署

图 2-1-21　选择 Windows Server 2019 安装包类型

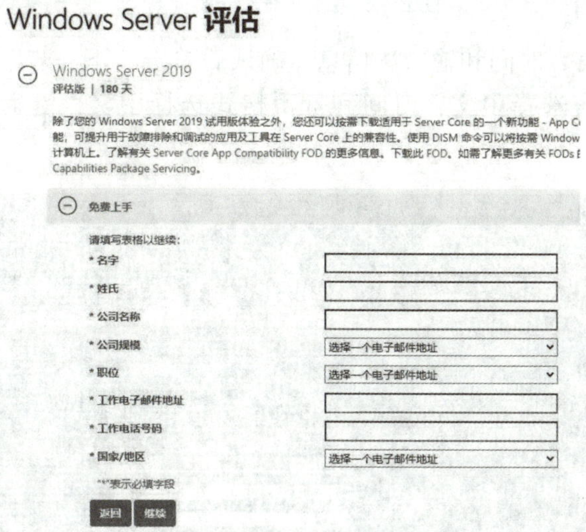

图 2-1-22　填写信息

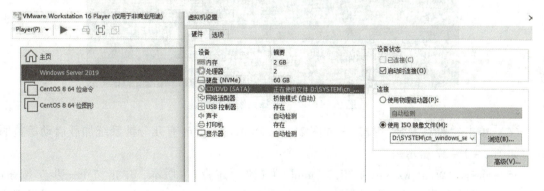

图 2-1-23　创建虚拟机并加载安装包

51

图 2-1-24 进入安装向导

（3）配置系统语言、时间和输入法信息，确认后单击"下一步"按钮，如图 2-1-25 所示。本任务安装语言选择中文，时间和货币格式选择中文，键盘和输入方式选择微软拼音。

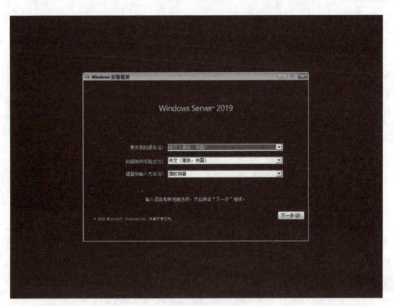

图 2-1-25 选择系统安装参数

（4）单击"现在安装"按钮，如图 2-1-26 所示，此时有几分钟系统加载启动等待时间，如图 2-1-27 所示。

（5）选择"Windows Server 2019 Standard（桌面体验）"版本，单击"下一步"按钮，如图 2-1-28 所示。注：选择 Windows Server 2019 Standard，在默认情况系统无图形用户界面。

项目2　Windows Server 2019操作系统部署

图2-1-26　确认安装界面

图2-1-27　等待系统加载启动

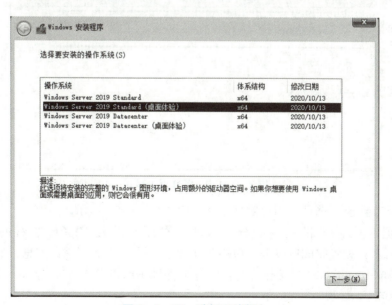

图2-1-28　选择系统版本

(6)勾选"我接受许可条款"复选框,单击"下一步"按钮,如图2-1-29所示。

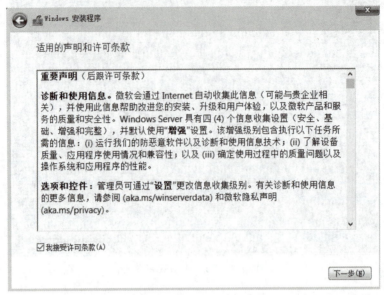

图2-1-29 接受许可条款

(7)在安装类型窗口中选择"自定义"安装模式,如图2-1-30所示。

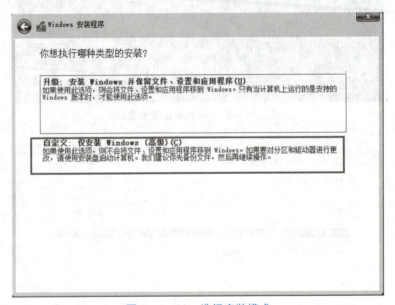

图2-1-30 选择安装模式

(8)选择"新建"选项,划分磁盘空间,如图2-1-31所示。

(9)根据个人需求设置磁盘分区大小,本任务设置50 GB左右的主分区,如图2-1-32所示,设置完成后单击"应用"按钮,系统重新加载磁盘信息,如图2-1-33所示,完成后单击"下一步"按钮。注:本任务保留10 GB左右扩展分区,主要为后续任务提供磁盘空间。

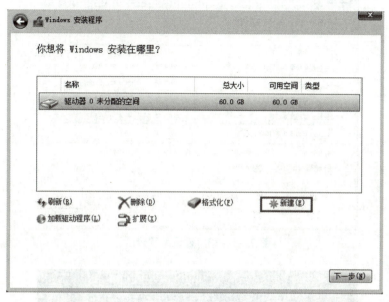

图 2-1-31 划分磁盘空间

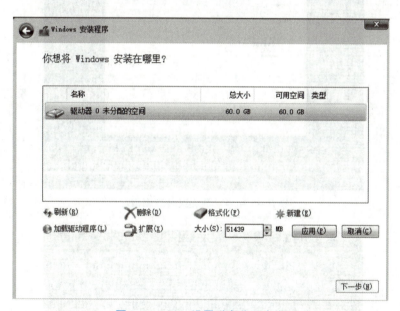

图 2-1-32 设置磁盘分区大小

（10）系统安装状态页面会显示系统安装进度信息，如图 2-1-34 所示。不同性能的计算机安装所花费时间有所不同，绝大部分计算机只有几分钟等待时间。

（11）设置 Windows Server 2019 网络操作系统登录密码，如图 2-1-35 所示。完成后单击"完成"按钮。注：设置密码时需要提供大写字母、小写字母和数字的组合形式。

（12）输入刚设置的登录密码进行登录，如图 2-1-36 所示。

（13）登录后进入 Windows Server 2019 网络操作系统桌面，如图 2-1-37 所示。

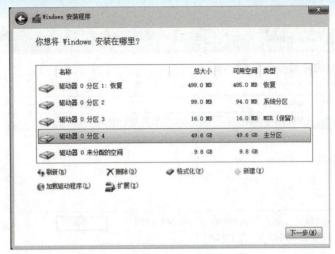

图 2-1-33　设置系统分区

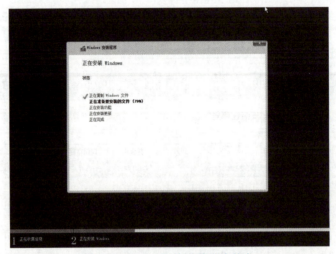

图 2-1-34　系统安装进度信息

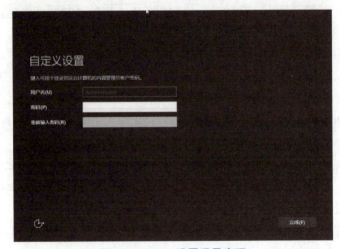

图 2-1-35　设置登录密码

图 2-1-36　系统登录界面

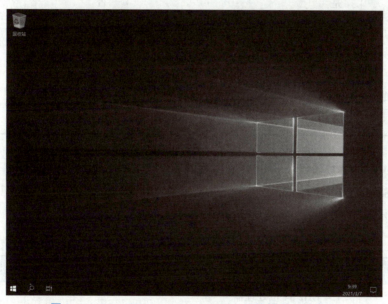

图 2-1-37　Windows Server 2019 网络操作系统桌面

六、知识拓展

Windows Server 2019 是微软公司研发的网络操作系统，于 2018 年 10 月 2 日发布，于同年 10 月 25 日正式商用。Windows Server 2019 基于 Long-Term Servicing Channel 1809 内核开发，相较于之前的 Windows Server 版本主要围绕混合云、安全性、应用程序平台、超融合基础设施（HCI）4 个关键主题实现了很多创新。

1. Windows Server 2019 网络操作系统版本对比

Windows Server 2019 包括 3 个许可版本：Datacenter Edition（数据中心版）：适用于高虚

拟化数据中心和云环境；Standard Edition（标准版）：适用于物理或最低限度虚拟化环境；Essentials Edition（基本版）：适用于最多 25 个用户或最多 50 台设备的小型企业。数据中心版和标准版功能对比见表 2-1-3。

表 2-1-3　Windows Server 2019 网络操作系统版本对比

功能	标准版	数据中心版
可用作虚拟化主机	支持；每个许可证允许运行 2 台虚拟机以及 1 台 Hyper-V 主机	支持；每个许可证允许运行无限台虚拟机以及 1 台 Hyper-V 主机
Hyper-V	支持	支持；包括受防护的虚拟机
网络控制器	不支持	支持
容器	支持（Windows 容器不受限制；Hyper-V 容器最多为 2 个）	支持（Windows 容器和 Hyper-V 容器均不受限制）
主机保护对 Hyper-V 支持	是	否
存储副本	支持（1 种合作关系和 1 个具有单个 2TB 卷的资源组）	支持，无限制
存储空间直通	不支持	支持
继承激活	托管于数据中心时作为访客	可以是主机或访客

2. Windows Server 2019 网络操作系统硬件要求

Windows Server 2019 网络操作系统于 2018 年 10 月 25 日正式商用。其硬件要求见表 2-1-4 所示。

表 2-1-4　Windows Server 2019 网络操作系统硬件要求

硬件	最低配置要求
处理器	1.4 GHz 64 位处理器
	与 x64 指令集兼容
	支持 NX 和 DEP
	支持 CMPXCHG16b、LAHF/SAHF 和 PrefetchW
	支持二级地址转换（EPT 或 NPT）
RAM	512 MB（对于带桌面体验的服务器安装选项为 2 GB）
	用于物理主机部署的 ECC（纠错代码）类型或类似技术

续表

硬件	最低配置要求
存储控制器	符合 PCI Express 体系结构规范的存储适配器
	硬盘驱动器的永久存储设备不能为 PATA
	不允许将 ATA/PATA/IDE/EIDE 用于启动驱动器、页面驱动器或数据驱动器
磁盘空间	32 GB
网络适配器	至少有千兆位吞吐量的以太网适配器
	符合 PCI Express 体系结构规范
其他	DVD 驱动器（如果要从 DVD 媒体安装网络操作系统）

七、课后习题

1. 填空题

（1）Windows Server 2019 是微软公司研发的（　　　　）操作系统。

（2）网络操作系统是运行在服务器硬件之上的计算机（　　　　）。

（3）根据体系结构不同，服务器可以分成（　　　　）架构服务器和（　　　　）架构服务器。

（4）根据服务器的功能不同可以把服务器分成文件/打印服务器、（　　　　）、（　　　　）。

（5）服务器具有高速的 CPU 运算能力、长时间可靠运行的能力、强大的 I/O 外部（　　　　）能力以及更好的扩展性。

2. 判断题

（1）服务器内部结构包含 CPU，硬盘，内存，系统，输入、输出设备等。（　　　　）

（2）文件/打印服务器是最早的服务器种类，它可以提供文件存储和打印机资源共享的服务。（　　　　）

（3）应用程序服务器也是一种广泛应用在商业系统中的服务器。（　　　　）

（4）根据服务器的规模不同可以将服务器分成工作组服务器、部门服务器和企业服务器。（　　　　）

（5）服务器硬件都经过专门的开发，不同厂商的服务器还具有不同的专项基础。（　　　　）

3. 简答题

请描述你在生活中的什么场景中见过服务器。

项目 2－任务 1 质量自检/交付验收表

专业：_____   班级：_____   小组：_____   姓名：_____

六、质量自检

质量自检见表 2－1－1。

表 2－1－1 质量自检

序号	名称	完成情况	备注
1	桌面生成虚拟机软件快捷方式图标	□是 □否	
2	正常运行虚拟机软件	□是 □否	
3	下载 Windows Server 2019 网络操作系统安装文件	□是 □否	
4	成功安装 Windows Server 2019 网络操作系统	□是 □否	
5	清理软件安装包	□是 □否	
6	整理器材与设备	□是 □否	

七、交付验收

验收明细见表 2－1－2。

表 2－1－2 验收明细

验收项目	验收内容	验收情况
功能/性能	划分 70 GB 磁盘空间，其中主分区为 50 GB，扩展分区 20 GB	
	运行 Windows Server 2019 网络操作系统	
程序	Windows Server 2019 网络操作系统安装包	
用户手册	Windows Server 2019 网络操作系统安装手册	

验收人：_____   确认人：_____

2.2 任务 2　Windows Server 2019 网络操作系统网络配置与测试

一、任务情境描述

完成 Windows Server 2019 网络操作系统的安装后就需要对网络操作系统进行配置，以方便后续远程连接和应用服务器的访问。本任务介绍 Windows Server 2019 网络操作系统网络配置方法和网络测试流程。

二、能力目标

（1）能了解网络 IP 地址的结构。
（2）能掌握 Windows Server 2019 网络操作系统网络配置方法。
（3）能掌握 Windows Server 2019 网络操作系统网络测试步骤。

Windows Server 2019
操作系统网络
配置与测试

三、知识准备

认识计算机网络

1. 计算机网络的定义

计算机网络是指将地理位置不同的具有独立功能的多台计算机及其外部设备，通过通信线路连接起来，在网络操作系统、网络管理软件及网络通信协议的管理和协调下，实现资源共享和信息传递的计算机系统。

2. 计算机网络的发展

自从计算机网络出现以后，它的发展速度与应用的广泛程度十分惊人。纵观计算机网络的发展，其大致经历了以下 4 个阶段。

1）诞生阶段

20 世纪 60 年代中期之前的第一代计算机网络是以单个计算机为中心的远程连机系统，典型应用是由一台计算机和全美范围内 2 000 多个终端组成的飞机订票系统，终端是一台计算机的外围设备，包括显示器和键盘，无 CPU 和内存。随着远程终端的增多，在主机前增加了前端机。当时，人们把计算机网络定义为"以传输信息为目的而连接起来，实现远程信息处理或进一步达到资源共享的系统"，这样的通信系统已具备网络的雏形。

2）形成阶段

20 世纪 60 年代中期至 20 世纪 70 年代的第二代计算机网络是以多个主机通过通信线路互连起来，为用户提供服务，兴起于 20 世纪 60 年代后期，典型代表是美国国防部高级研究计划局协助开发的 ARPANET。主机之间不是直接用线路相连，而是由接口报文处理机（IMP）转接后互连的。IMP 和它们之间互连的通信线路一起负责主机间的通信任务，构成了通信子网。通信子网互连的主机负责运行程序，提供资源共享，组成资源子网。在这个时期，网络的概念为"以能够相互共享资源为目的互连起来的具有独立功能的计算机之集合体"，形成了计算机网络的基本概念。

3）互连互通阶段

20 世纪 70 年代末至 20 世纪 90 年代的第三代计算机网络是具有统一的网络体系结构并遵守国际标准的开放式和标准化的网络。ARPANET 兴起后，计算机网络发展迅猛，各大计算机公司相继推出自己的网络体系结构及实现这些结构的软、硬件产品。由于没有统一的标准，不同厂商的产品之间互连很困难，人们迫切需要一种开放性的标准化实用网络环境，这样应运而生了两种国际通用的最重要的体系结构，即 TCP/IP 体系结构和国际标准化组织的 OSI 体系结构。

4）高速网络技术阶段

20 世纪 90 年代至今，由于局域网技术发展成熟，出现光纤及高速网络技术，整个网络就像一个对用户透明的大的计算机系统，发展为以因特网（Internet）为代表的互联网。

3. 计算机网络的组成

计算机网络的组成基本上包括：计算机、网络操作系统、传输介质以及相应的应用软件 4 个部分，如图 2-2-1 所示。

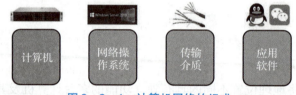

图 2-2-1　计算机网络的组成

4. 计算机网络的分类

根据地理范围，可以把计算机网络划分为局域网、城域网、广域网和互联网 4 种。

（1）局域网（Local Area Network，LAN）。随着计算机网络技术的发展，几乎每个单位都有自己的局域网，有的家庭甚至有自己的小型局域网。局域网在计算机数量配置上没有太多限制，少的可以只有两台，多的可达几百台，如图 2-2-2 所示。一般来说，在企业局域网中，工作站的数量在几十台到两百台左右。局域网所涉及的地理距离一般在几米至 10 千米以内。

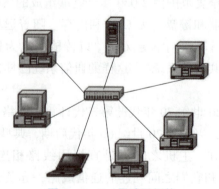

图 2-2-2　局域网拓扑

（2）城域网（Metropolitan Area Network，MAN）。城域网一般来说是城市应用的网络，这种网络的连接距离为 10~100 千米，它采用的是 IEEE802.6 标准。城域网与局域网相比，扩展的距离更长，连接的计算机数量更多，在地理范围上可以说是局域网的延伸，如图2－2－3所示。在一个大型城市或都市，一个城域网通常连接着多个局域网，如连接政府机构的局域网、医院的局域网、电信的局域网、公司企业的局域网等。由于光纤连接的引入，城域网中高速的局域网互连成为可能。城域网多采用ATM技术构造骨干网。ATM是一个用于数据、语音、视频以及多媒体应用程序的高速网络传输方法。

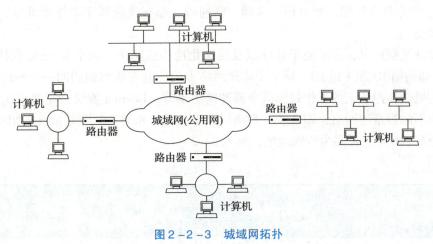

图2－2－3 城域网拓扑

（3）广域网（Wide Area Network，WAN）。广域网也称为远程网，它所覆盖的范围比城域网更广，一般是不同城市之间的局域网或者城域网互连，地理范围可从几百千米到几千千米，如图2－2－4所示。因为距离较远，信息衰减比较严重，所以广域网一般是要租用专线，通过IMP（接口信息处理）协议和线路连接起来，构成网状结构，解决循径问题。广域网因为所连接的用户多，总出口带宽有限，所以用户的终端连接速率一般较低，通常为9.6 Kb/s~45 Mb/s，如CHINANET、CHINAPAC和CHINADDN网络。

图2－2－4 广域网拓扑

随着便携式计算机的日益普及和发展，人们经常要在路途中接听电话、发送传真和电子邮件、阅读网上信息以及登录远程机器等。然而在汽车或飞机上是不可能通过有线介质与网络连接的，这时就需要使用无线网络。无线网络，特别是无线局域网有很多优点，如易于安装和使用。无线局域网也有许多不足之处，如它的数据传输率一般比较低，远低于有线局域网；另外无线局域网的误码率也比较高，而且站点之间的相互干扰比较严重。

5. IP 地址

IP地址是IP（网际互连协议）提供的一种统一的地址格式，它为互联网上的每一个网络和每一台主机分配一个逻辑地址，以此屏蔽物理地址的差异。IP 是为计算机网络相互连接进行通信而设计的协议，它把各种不同数据统一转换成 IP 数据报格式，这种转换是 Internet 的一个最重要的特点，使所有计算机都能在 Internet 上实现互通，即具有开放性的特点。正是因为有了 IP，Internet 才得以迅速发展，成为世界上最大的、开放的计算机通信网络。因此，IP 也可以叫作 Internet 协议。IP 地址分为公有地址和私有地址，公有地址由 Internet 信息中心负责分配，如电信、移动、联通等。私有地址属于非注册地址，专门在组织机构内部使用。

最初设计互联网时，为了便于寻址以及层次化地构造网络，每个 IP 地址包括两个标识码（ID），即网络 ID 和主机 ID。同一个物理网络上的所有主机都使用同一个网络 ID，网络上的一个主机包括网络上的工作站、服务器和路由器等。Internet 委员会定义了 5 种 IP 地址类型以适应不同容量的网络，即 A 类 ~ E 类。其中 A 类、B 类、C 类由 InternetNIC 在全球范围内统一分配，D 类、E 类为特殊地址，见表 2 – 2 – 1。

表 2 – 2 – 1 IP 地址划分

类别	最大网络数	IP 地址范围	单个网段最大主机数	私有 IP 地址范围
A	126（2^7-2）	1.0.0.1 ~ 127.255.255.254	16 777 214	10.0.0.0 ~ 10.255.255.255
B	16 384（2^{14}）	128.0.0.1 ~ 191.255.255.254	65 534	172.16.0.0 ~ 172.31.255.255
C	2 097 152（2^{21}）	192.0.0.1 ~ 223.255.255.254	254	192.168.0.0 ~ 192.168.255.255

四、制定工作计划

五、任务实施

1. Windows Server 2019 网络操作系统网络配置

（1）修改虚拟机网络连接方式为桥接模式，参考项目 1 中的任务 2 或任务 4，如

图 2-2-5 所示。

图 2-2-5　修改虚拟机连接模式

（2）启动虚拟机，进入 Windows Server 2019 网络操作系统，如图 2-2-6 所示。默认情况下系统会自动启动"服务器管理器"并在右侧提示"网络接入许可"菜单，单击"是"按钮。

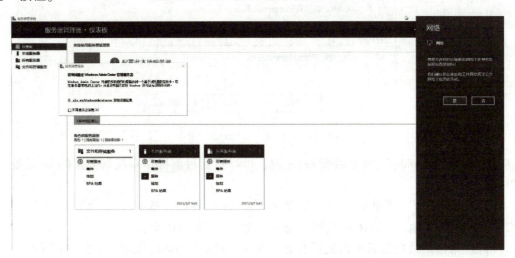

图 2-2-6　系统登录界面

（3）查看本机 IP 地址。第一种方法是用鼠标右键单击左下角系统图标，在弹出的菜单里选择"运行"命令，如图 2-2-7 所示。第二种方法见步骤（6）、（7）、（8）。

图2-2-7 系统菜单列表

（4）输入"cmd"命令后，单击"确定"按钮，如图2-2-8所示。

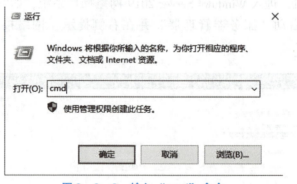

图2-2-8 输入"cmd"命令

（5）输入"ipconfig"命令后按Enter键，可以看到目前操作系统划分来的IP地址，如图2-2-9所示。

（6）在"开始"菜单中打开"服务器管理器"界面，选择"本地服务器"→"由DHCP分配的IPv4地址，IPv6已启用"选项，如图2-2-10所示。

（7）选中网络适配器后单击鼠标右键，选择"状态"选项，如图2-2-11所示。

（8）单击"详细信息"链接可以查看本机IP地址信息，如图2-2-12所示。

（9）回到网络适配器状态窗口，单击"属性"按钮，双击"Internet协议版本4（TCP/IPv4）"选项，如图2-2-13所示。

项目2　Windows Server 2019操作系统部署

图2-2-9　查看IP地址

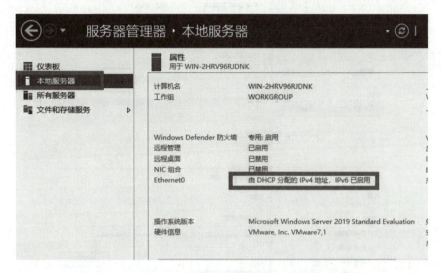

图2-2-10　"服务器管理器"界面

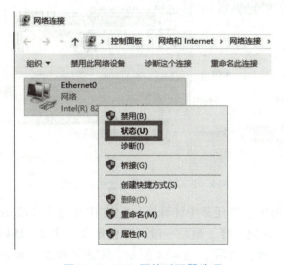

图2-2-11　网络适配器选项

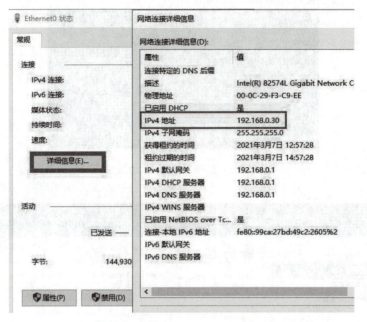

图 2-2-12 查看 IP 地址

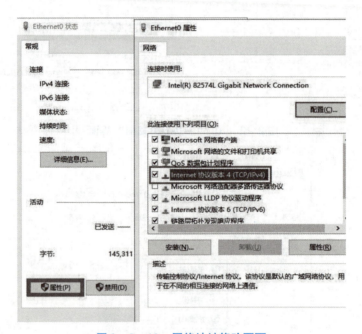

图 2-2-13 网络地址修改页面

（10）修改本机 IP 地址。如任务中计算机分配的 IP 地址是 192.168.0.30，现修改 IP 地址为 192.168.0.180（前 3 段一样，最后一段可以自定义一个 2~254 的数），子网掩码和默认网关需和修改前保持一致，如图 2-2-14 所示。完成后单击"确定"按钮。

（11）查看 IP 地址是否修改成功，可参考步骤（3）、（4）、（5），如图 2-2-15 所示。

项目2 Windows Server 2019操作系统部署

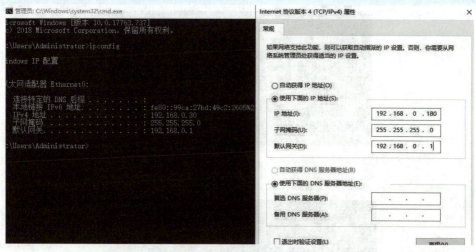

图 2-2-14 修改 IP 地址

2. Windows Server 2019 网络操作系统网络测试

（1）用鼠标右键单击物理机（注：不是虚拟机）左下角系统图标，选择"运行"命令，如图 2-2-16 所示。输入"cmd"命令后单击"确定"按钮。

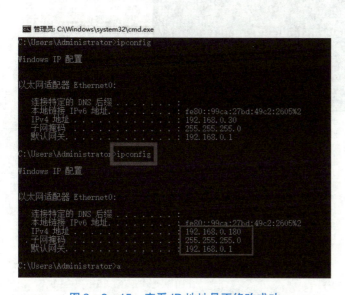

图 2-2-15 查看 IP 地址是否修改成功

图 2-2-16 物理机系统菜单列表

（2）输入"ping 虚拟机 IP 地址"命令后按 Enter 键，即可查看网络是否连通，如图 2-2-17 所示，显示"已发送 =4，已接收 =4，丢失 =0"，这就代表网络配置成功。

（3）若测试中出现"请求超时"提示信息，一般由于系统防火墙阻止 ping 数据包传递，可以通过让防火墙允许传输 ping 数据包来解决问题。单击虚拟机左下角系统菜单，选择"控制面板"选项，如图 2-2-18 所示。

（4）选择"系统和安全"选项，如图 2-2-19 所示。

71

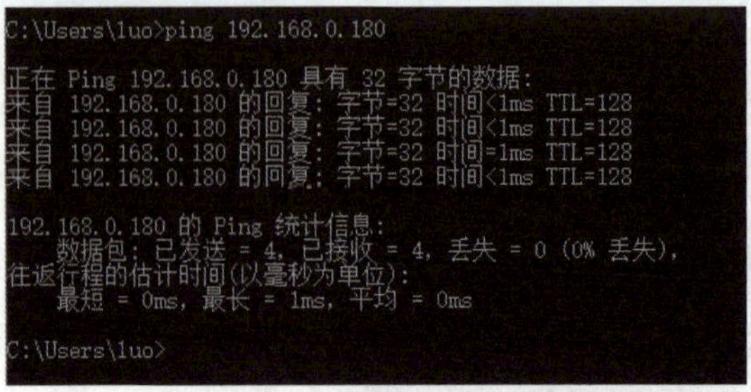

图 2-2-17　网络连接测试

图 2-2-18　进入控制面板

图 2-2-19　控制面板界面

（5）选择"允许应用通过 Windows 防火墙"选项，如图 2-2-20 所示。

（6）选择"允许的应用和功能"列表框中的"文件和打印机共享"选项，勾选"专用"和"公用"复选框后单击"确定"按钮,如图 2-2-21 所示。完成后再次进行 ping 操作,参考步骤(2)。

图 2-2-20 "系统和安全"界面

图 2-2-21 防火墙设置

六、知识拓展

1. 子网掩码

子网掩码(subnet mask)又叫作网络掩码、地址掩码、子网络遮罩,它是一种用来指明一个 IP 地址的哪些位标识的是主机所在的子网,以及哪些位标识的是主机的位掩码。子网掩码是在 IPv4 地址资源紧缺的背景下为了解决 IP 地址分配而产生的虚拟 IP 技术,通过子网掩码将 A、B、C 三类地址划分为若干子网,从而显著提高了 IP 地址的分配效率,有效缓解了 IP 地址资源紧张的局面。子网掩码不能单独存在,它必须结合 IP 地址一起使用。

2. 默认网关

默认网关是子网与外网连接的设备,通常是一个路由器的地址。当一台计算机发送信息时，根据发送信息的目标地址，通过子网掩码来判定目标主机是否在本地子网中，如果目标主机在本地子网中，则直接发送即可。如果目标主机不在本地子网中，则将该信息送到默认网关，由路由器将其转发到其他网络中，进一步寻找目标主机。

3. 防火墙

防火墙是一种将内部网和外部网分开的方法，它实际上是一种建立在现代通信网络技术和信息安全技术基础上的应用性安全技术、隔离技术。防火墙越来越多地应用于专用网络与公用网络的互连环境中，尤其是接入 Internet 的应用环境中。防火墙的功能主要在于及时发现并处理计算机网络运行时可能存在的安全风险、数据传输问题等，其处理措施包括隔离与保护，可同时对计算机网络安全当中的各项操作实施记录与检测，以确保计算机网络运行的安全性，保障用户资料与信息的完整性，为用户提供更好、更安全的计算机网络使用体验。

七、课后习题

1. 填空题

（1）防火墙是一种将内部网和（　　　　）分开的方法，它实际上是一种建立在现代通信网络技术和信息安全技术基础上的应用性（　　　　）、隔离技术。

（2）子网掩码是在 IPv4 地址资源紧缺的背景下为了解决 IP 地址分配而产生的（　　　　）。

（3）计算机网络将（　　　　）不同的、具有独立功能的多台计算机及其外部设备通过（　　　　）连接起来。

（4）IP 地址中 C 类私有地址范围为（　　　　）。

（5）计算机网络的组成基本上包括：计算机、（　　　　）、（　　　　）以及相应的应用软件 4 个部分。

2. 判断题

（1）局域网在计算机数量配置上没有太多限制，少的可以只有两台，多的可达几百台。（　　）

（2）一个城域网通常连接着多个局域网。（　　）

（3）无线网，特别是无线局域网有很多优点，如易于安装和使用。（　　）

（4）IP 地址是 IP 提供的一种统一的地址格式，它为互联网上的每一个网络和每一台主机分配一个逻辑地址，以此屏蔽物理地址的差异。（　　）

（5）根据地理范围，可以把网络划分为局域网、城域网、广域网和互联网 4 种。（　　）

3. 简答题

请简述 Windows Server 2019 网络操作系统 IP 地址配置流程。

项目 2－任务 2 质量自检/交付验收表

专业：_____   班级：_____   小组：_____   姓名：_____

八、质量自检

质量自检见表 2－2－2。

表 2－2－2 质量自检

序号	名称	完成情况	备注
1	虚拟机正常运行	□是　□否	
2	网络操作系统正常运行	□是　□否	
3	网络地址设置	□是　□否	
4	防火墙设置	□是　□否	
5	主机与虚拟机网络测试	□是　□否	
6	清理软件安装包	□是　□否	
7	整理器材与设备	□是　□否	

九、交付验收

验收明细见表 2－2－3。

表 2－2－3 验收明细

验收项目	验收内容	验收情况
功能/性能	配置虚拟机 IP 地址为 X.X.X.234（X 代表虚拟机最初分配地址）	
	虚拟机通过浏览器访问"www.baidu.com"	
	主机与虚拟机 ping 测试连通	
用户手册	虚拟机配置手册	
	网络操作系统网络配置手册	
	网络地址手册	

验收人：_____　　　　　　　　　　　确认人：_____

2.3 任务3　Windows Server 2019 网络操作系统名称设置与系统更新配置

一、任务情境描述

在日常使用中网络操作系统会时常进行更新和系统组件升级等操作，通过升级扩展系统的功能来支持更多软、硬件，解决各种兼容性问题，以便更安全、更稳定地工作。本任务介绍 Windows Server 2019 网络操作系统名称设置和系统更新配置的方法。

二、能力目标

（1）能掌握 Windows Server 2019 网络操作系统名称设置的方法。
（2）能掌握 Windows Server 2019 系统更新配置的方法。

三、知识准备

网络操作系统可以看成一个资源管理系统，管理计算机系统的各种资源，用户通过它获得对资源的访问权限。安全的网络操作系统除了要实现普通操作系统的功能外，还要保证它所管理资源的安全性，包括保密性、完整性和可用性等。网络操作系统面临的安全威胁如下。

1. 计算机病毒

计算机病毒是能够破坏数据或影响计算机使用，能够自我复制的一组计算机指令或程序代码。计算机病毒具有隐蔽性、传染性、潜伏性和破坏性等特点，如 CIH 病毒、熊猫烧香病毒等。

2. 黑客攻击

黑客攻击表现为具备某些计算机专业知识和技术的人员通过分析和挖掘系统漏洞，利用网络对特定系统进行破坏，使系统功能瘫痪、信息丢失等，常见的攻击方式如拒绝服务攻击，即通过消耗网络带宽或频发连接请求阻断系统对合法用户的正常服务。

3. 逻辑炸弹

逻辑炸弹是加在现有应用程序上的程序。一般逻辑炸弹都被添加在被感染应用程序的起始处，每当该应用程序运行时就会运行逻辑炸弹。它通常要检查各种条件，看是否满足运行的条件。

4. 木马程序

木马程序指的是表面上执行合法功能，实际上却完成了用户未曾料到的非法功能的计算机程序。入侵者开发这种程序用来欺骗合法用户，利用合法用户的权利进行非法活动。

5. 后门

后门也是构成网络操作系统威胁的重要形式之一。其本质上通常是为方便操作系统测试而在网络操作系统内部预留的特别命令入口，或者专门在网络操作系统内部设置的可供渗透的缺陷或漏洞，一般不容易发现，但一经发现和非法利用，则会穿透整个系统的安全机制并造成严重的后果。

6. 隐蔽通道

隐蔽通道可定义为网络操作系统中不受安全策略控制的、违反安全策略、非公开的信息泄露路径。按信息传递的方式和方法区分，隐蔽通道分为隐蔽存储通道和隐蔽定时通道。

四、制定工作计划

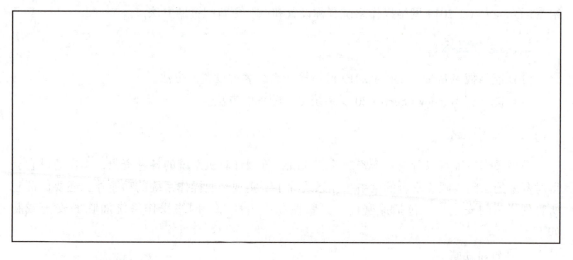

五、任务实施

1. Windows Server 2019 网络操作系统名称设置

（1）启动 Windows Server 2019 网络操作系统，单击左下角"开始"菜单，进入"服务器管理器"界面，如图 2-3-1 所示。

图 2-3-1 "服务器管理器"界面

(2) 选择"本地服务器"选项，再单击计算机名，如图 2-3-2 所示。本任务图片中的计算机名可能和读者的操作系统名称不一致。

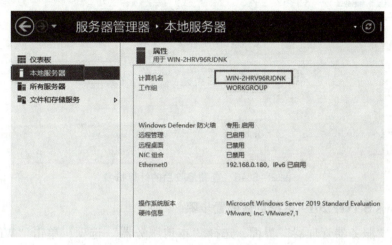

图 2-3-2 "本地服务器"界面

(3) 单击"更改"按钮，如图 2-3-3 所示。

(4) 可根据个人需求设置计算机名称，如图 2-3-4 所示。设置完成后单击"确定"按钮，此时计算机会提示需要重新启动计算机才能修改成功，重新启动计算机即可。

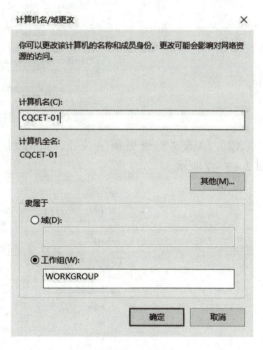

图 2-3-3 "系统属性"对话框　　　　图 2-3-4 "计算名/域更改"对话框

(5) 重新启动计算机后，进入"服务器管理器"界面可查看修改后的计算机名，如图 2-3-5 所示。进入"服务器管理器"界面参考步骤（1）。

图2-3-5 查看修改后的计算机名

2. Windows Server 2019 系统更新配置步骤

(1) 进入"服务器管理器"界面,选择"本地服务器"选项,单击"Windows 更新",如图2-3-6所示。

图2-3-6 "服务器管理器"界面

(2) 单击"检查更新"按钮,此时网络操作系统会自动在线判断是否需要更新,如图2-3-7所示。

图2-3-7 检查更新

（3）单击"更改使用时间段"按钮，如图2-3-8所示。可以设置网络操作系统自动更新时间，如图2-3-9所示。

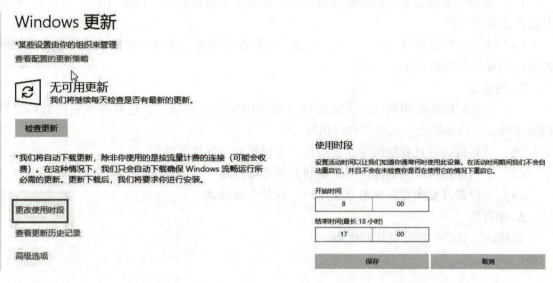

图2-3-8　系统更新设置窗口　　　　　图2-3-9　设置更新时间段

（4）单击"高级选项"按钮，如图2-3-10所示，可以设置更新通知、更新选项等参数，如图2-3-11所示。

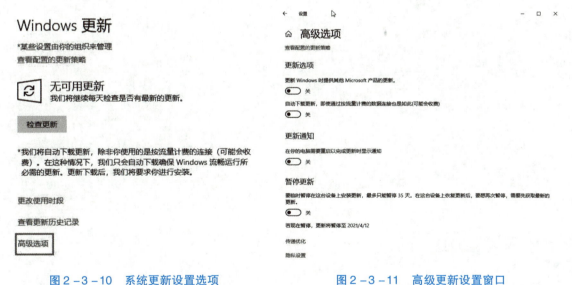

图2-3-10　系统更新设置选项　　　　　图2-3-11　高级更新设置窗口

六、课后习题

1. 填空题

（1）网络操作系统可以看成一个资源管理系统，管理（　　　　）的各种资源，用户通过它获得对资源的访问权限。

（2）计算机病毒是能够破坏数据或影响计算机使用，能够自我复制的一组（　　　　）或（　　　　）。

（3）隐蔽通道可定义为网络操作系统中不受安全策略控制的、违反（　　　　）、非公开的信息泄露路径。

（4）木马程序是指（　　　　），表面上执行合法功能，实际上却完成了用户未曾料到的非法功能的计算机程序。

2. 判断题

（1）安全的网络操作系统除了要实现普通操作系统的功能外，还要保证它所管理资源的安全性，包括保密性、完整性和可用性等。　　　　　　　　　　　　　　（　　）

（2）计算机病毒具有隐蔽性、传染性、潜伏性和破坏性等特点。　　　　（　　）

（3）后门也是构成网络操作系统威胁的重要形式之一。　　　　　　　　（　　）

（4）入侵者开发病毒程序来欺骗用户，这是合法活动。　　　　　　　　（　　）

3. 简答题

请简述网络操作系统更新的优势。

项目2–任务3 质量自检/交付验收表

专业：_____ 班级：_____ 小组：_____ 姓名：_____

七、质量自检

质量自检见表2–3–1。

表2–3–1 质量自检

序号	名称	完成情况		备注
1	虚拟机正常运行	□是	□否	
2	网络操作系统正常运行	□是	□否	
3	设置网络操作系统名称	□是	□否	
4	将网络操作系统更新为最新版本	□是	□否	
5	清理软件安装包	□是	□否	
6	整理器材与设备	□是	□否	

八、交付验收

验收明细见表2–3–2。

表2–3–2 验收明细

验收项目	验收内容	验收情况
功能/性能	将网络操作系统名称修改为"cqcet – XX"，"XX"为读者姓名	
	设置系统更新时间段为晚上23—24点	
用户手册	网络操作系统名称手册	
	网络操作系统自动更新手册	

验收人：　　　　　　　　　　　　　　确认人：

2.4 任务4 Windows Server 2019 网络操作系统用户创建与远程桌面连接设置

一、任务情境描述

在日常工作中，运维工程师对网络操作系统安装配置完成后就可以通过网络远程开展服务器运维工作。在使用远程桌面连接之后，运维工程师可以让 PC 与服务器相互连接从而开展程序安装、软件卸载和服务器系统配置等工作。本任务介绍 Windows Server 2019 网络操作系统用户创建与远程桌面连接设置的方法。

二、能力目标

（1）能掌握 Windows Server 2019 网络操作系统用户创建的方法。

（2）能掌握 Windows Server 2019 网络操作系统远程桌面配置与测试方法。

（3）能掌握移动端设备远程连接 Windows Server 2019 网络操作系统配置方法。

Windows Server 2019
操作系统用户创建
与远程桌面
连接设置

三、知识准备

1. 认识远程桌面连接

远程桌面是微软公司为了方便网络管理员管理维护服务器而推出的一项服务。远程桌面从 Windows 2000 Server 版本开始引入，网络管理员可以使用远程桌面连接到网络中任意一台开启了远程桌面控制功能的计算机。通过远程桌面功能可以实时操作已连接的计算机，在上面安装软件，运行程序，所有的一切都好像直接在该计算机上操作一样。这就是远程桌面的最大功能，通过该功能网络管理员可以在家中安全地控制单位的服务器，而且由于该功能是系统内置的，所以比其他第三方远程控制工具更方便、更灵活。

2. 远程桌面连接的发展历史

在计算机发展的早期，很多计算机不能相互连接访问，为了解决这一问题，简单的远程终端协议（Telnet）应运而生。Telnet 采用 C/S 模式结构，客户机可以通过 Telnet 协议登录网络中的其他服务器，程序运行时所有的运算与存储都交给远程连接后的服务器来完成，当运算结束后服务器才把结果反馈回客户机，这样就可以在客户机配置不够的情况下完成程序的运行工作。远程桌面连接协议（RDP）就是从 Telnet 协议发展而来的，通俗地讲它就是图形化的 Telnet。

3. 远程桌面连接协议

远程桌面连接协议是一个多通道（multi-channel）的协议，让使用者连接到提供微软终端机服务的计算机。远程桌面连接协议开启一个专用的网络通道，用于在连接的两台计算机（远程桌面和当前使用的计算机）之间来回发送数据。为此，它始终使用网络端口 3389。

鼠标移动、按键、桌面显示和所有其他必要的数据利用 TCP/IP 并通过此通道发送，这是用于大多数种类的 Internet 流量的传输协议。远程桌面连接协议也会加密所有数据，提升通过公共互联网连接的安全性。

四、制定工作计划

五、任务实施

1. Windows Server 2019 网络操作系统本地用户创建

（1）启动 Windows Server 2019 网络操作系统，进入"服务器管理器"界面，选择"工具"菜单中的"计算机管理"选项，如图 2-4-1 所示。

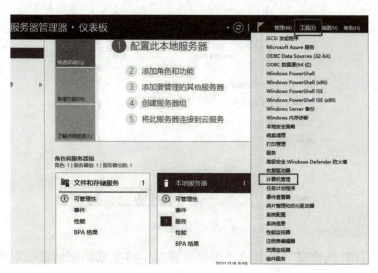

图 2-4-1 "服务器管理器"界面

（2）选择"本地用户和组"→"用户"选项，在右边空白区域单击鼠标右键，选择"新用户"选项，如图 2-4-2 所示。

（3）输入需要创建的用户名和密码，在用户属性中可以设置密码参数，如图 2-4-3 所示，设置完成后单击"创建"按钮。

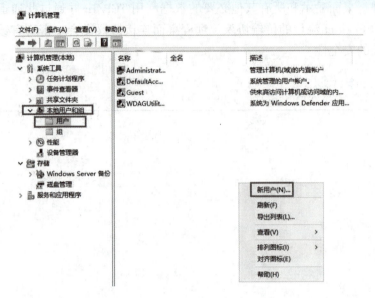

图 2-4-2 "计算机管理"界面

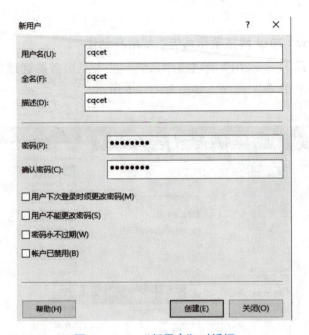

图 2-4-3 "新用户"对话框

（4）这时"计算机管理"界面的"用户"窗口中将生成刚刚创建的本地用户信息，如图 2-4-4 所示。

2. 网络操作系统远程桌面配置与测试

（1）回到"服务器管理器"界面，选择"本地服务器"选项，可以查看本机远程桌面启动情况和本机 IP 地址信息，如图 2-4-5 所示。默认情况下网络操作系统禁用远程桌面功能，要开启远程桌面功能可选择"已禁用"选项。

项目2　Windows Server 2019操作系统部署

图2-4-4　本地用户信息

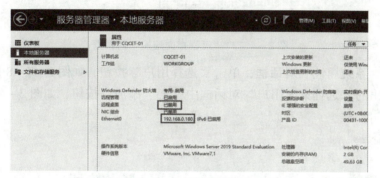

图2-4-5　本地服务器属性窗口

（2）选择"允许远程连接到此计算机"选项，如图2-4-6所示。

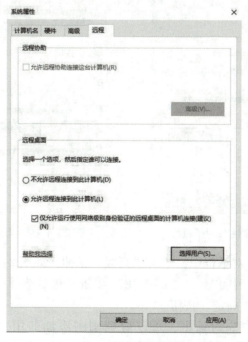

图2-4-6　开启远程桌面功能

87

（3）系统将弹出"远程桌面连接"对话框，阅读后单击"确认"按钮，如图2-4-7所示。

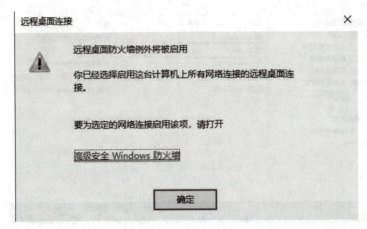

图2-4-7 "远程桌面连接"对话框

（4）回到"系统属性"对话框，单击"选择用户"按钮，如图2-4-8所示。
（5）在弹出的"远程桌面用户"对话框中单击"添加"按钮，如图2-4-9所示。

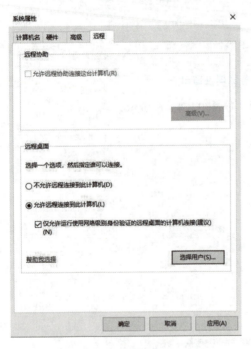

图2-4-8 "系统属性"对话框　　　　图2-4-9 "远程桌面用户"对话框

（6）在"选择用户"对话框中，单击"高级"按钮，如图2-4-10所示。
（7）在弹出的对话框中单击"立即查找"按钮，然后选择刚刚创建的用户名称，如图2-4-11所示，单击"确定"按钮。
（8）回到"选择用户"对话框，可以看到刚刚添加的用户信息已经显示出来，如图2-4-12所示。确认无误后，单击"确定"按钮。

项目2 Windows Server 2019操作系统部署

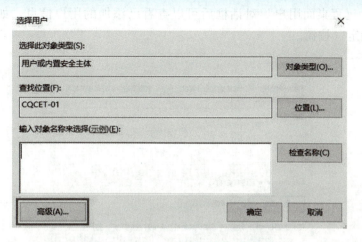

图2-4-10 "选择用户"对话框

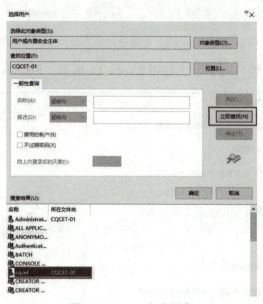

图2-4-11 查找用户

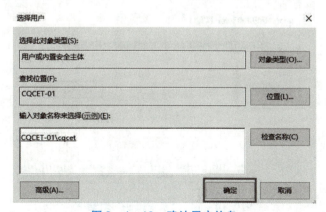

图2-4-12 确认用户信息

(9) 回到"远程桌面用户"对话框后可以查看已添加的用户信息,如图 2-4-13 所示,再单击"确定"按钮。

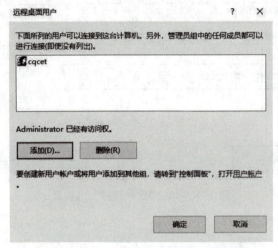

图 2-4-13 查看已添加的用户信息

(10) 回到"系统属性"对话框,如图 2-4-14 所示,最后单击"确认"按钮即可。

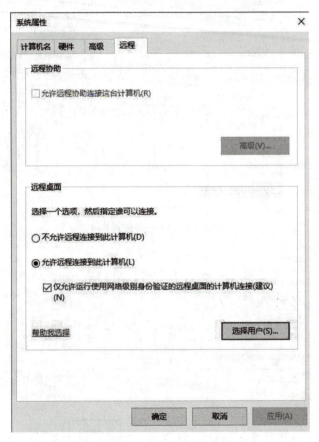

图 2-4-14 "系统属性"对话框

（11）完成配置后就进入测试阶段。回到物理机（注：不是虚拟机），单击左下角"开始"菜单，然后输入"远程桌面"。这时系统将弹出远程桌面连接应用程序，单击即可，如图 2-4-15 所示。

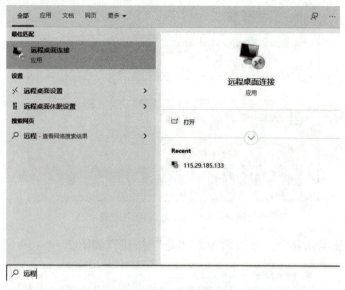

图 2-4-15　物理机远程桌面连接应用程序

（12）在弹出的对话框中单击"显示选项"下拉按钮，如图 2-4-16 所示。

（13）输入虚拟机 IP 地址和刚刚设置的用户名，如图 2-4-17 所示，再单击"连接"按钮。在"本地资源""体验"和"高级"选项卡中可以设置连接时的性能参数。

图 2-4-16　"远程桌面连接"对话框

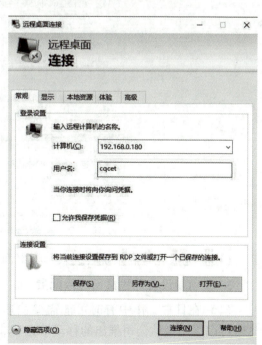

图 2-4-17　远程桌面信息配置

(14)在新弹出的对话框中输入刚刚设置的用户密码后,单击"确认"按钮,如图2-4-18所示。

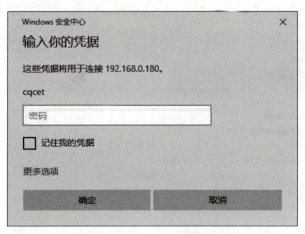

图2-4-18 输入用户密码

(15)弹出验证确认窗口,查看后单击"是"按钮,如图2-4-19所示。

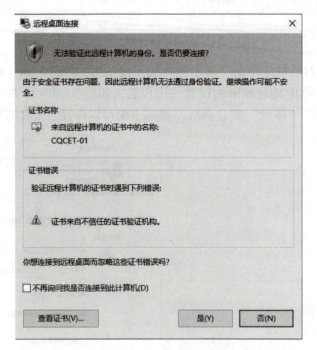

图2-4-19 验证确认窗口

(16)完成配置后系统会进入远程桌面,如图2-4-20所示。

3. 移动端设备远程桌面连接配置

(1)在日常工作中有时可能需要快速解决某些服务器问题,但是计算机又没在身边,这时可以采用微软公司推出的移动端远程桌面软件(Microsoft Remote Desktop)远程操作管理系统。通过手机的应用程序商店可以下载Microsoft Remote Desktop,如图2-4-21所示。

图2-4-20　完成远程桌面连接配置

（2）软件开始安装后将提示接受许可协议，单击"Accept"按钮接受许可协议，如图2-4-22所示。

图2-4-21　Microsoft Remote Desktop 软件信息

图2-4-22　接受许可协议

（3）安装完成后，单击右上角"+"按钮，再选择"Desktop"选项，如图2-4-23所示。

（4）选择"ADD MANUALLY"选项，创建远程连接信息，如图2-4-24所示。

图2-4-23　添加远程桌面

图2-4-24　添加远程桌面窗口

（5）输入虚拟机中的 IP 地址和远程连接用户名称，如图 2-4-25 所示（注：手机设备需要和虚拟机处于同一个网络中），完成后单击"SAVE"按钮。

（6）输入用户密码后单击"SAVE"按钮，如图 2-4-26 所示。

图 2-4-25　远程桌面地址信息输入窗口　　　图 2-4-26　用户密码添加窗口

（7）输入完成后单击"SAVE"按钮，如图 2-4-27 所示。

（8）此时软件界面中生成刚刚新建的远程桌面选项，如图 2-4-28 所示。单击远程桌面选项后系统提示连接确认信息，如图 2-4-29 所示，单击"CONNECT"按钮进行连接。

图 2-4-27　添加远程桌面连接用户信息　　　图 2-4-28　生成远程桌面选项

（9）完成连接后，手机显示进入虚拟机操作系统，如图 2-4-30 所示。

图 2-4-29　确认连接信息　　　图 2-4-30　连接成功界面

六、知识拓展

1. 第三方远程连接桌面软件：TeamViewer

TeamViewer 是一个能在任何防火墙和 NAT 代理的后台用于远程控制的应用程序，它提供桌面共享和文件传输的简单且快速的解决方案。为了连接到另一台计算机，只需要在两台计算机上同时运行 TeamViewer 即可，如图 2-4-31 所示。该软件第一次启动在两台计算机上自动生成伙伴 ID。只需要输入伙伴 ID 到 TeamViewer，就会立即建立连接。TeamViewer GmbH 公司创建于 2005 年，总部位于德国，致力于研发和销售高端的在线协作和通信解决方案。如果人们回到家后想连接并控制在学校或公司里自己的计算机，很多人会想到使用 Windows 远程桌面连接。一般情况下，它无疑是最好的方案，但如果要连接的计算机位于内网，即路由器（Router）或防火墙后方（计算机使用内部 IP 地址），那样就必须在路由器上作一些设定端口映射之类的设置，而网络管理员不太可能帮用户设定。

图 2-4-31　TeamViewer 软件

2. 第三方远程连接桌面软件：向日葵远程控制软件

向日葵是由 Oray 公司自主研发的一款远程控制软件，是主要面向企业和专业人员的远程 PC 管理和控制的服务软件，如图 2-4-32 所示。在任何可连入互联网的地点，都可以轻松访问和控制安装了远程控制客户端的远程主机，进行文件传输、远程桌面控制、远程监控、远程管理等。向日葵远程控制软件支持主流操作系统 Windows、Linux、Mac、Android、iOS 跨平台协同操作，在任何可连入互联网的地点，都可以轻松访问和控制安装了向日葵远程控制客户端的设备。整个远程控制过程可通过浏览器直接进行，无须再安装软件。

图 2-4-32　向日葵软件

七、课后习题

1. 填空题

（1）通过远程桌面功能，人们可以实时地操作（　　　　），在上面安装软件，运行程序。

（2）远程桌面协议是一个（　　　　）的协议，它让使用者连上提供微软终端机服务的计算机。

（3）远程桌面协议始终使用网络端口（　　　　）。

（4）TeamViewer 是一个能在任何（　　　　）和 NAT 代理的后台用于远程控制的应用程序。

2. 判断题

（1）向日葵是由 Oray 公司自主研发的一款远程控制软件，是主要面向企业和专业人员的远程 PC 管理和控制的服务软件。（　　）

（2）Telnet 采用 C/S 模式结构，客户机可以通过 Telnet 协议登录网络中其他服务器，程序运行时所有的运算与存储都交给远程连接后的服务器来完成。（　　）

（3）网络管理员使用远程桌面连接到网络任意一台开启了远程桌面控制功能的计算机上。（　　）

（4）远程桌面连接协议也会加密所有数据，提升通过公共互联网连接的安全性。（　　）

3. 简答题

请简述 Windows Server 2019 网络操作系统远程连接开启步骤。

项目 2–任务 4 质量自检/交付验收表

专业：_____   班级：_____   小组：_____   姓名：_____

八、质量自检

质量自检见表 2–4–1。

表 2–4–1　质量自检

序号	名称	完成情况		备注
1	虚拟机正常运行	□是	□否	
2	网络操作系统正常运行	□是	□否	
3	新增网络操作系统本地用户	□是	□否	
4	添加远程桌面许可	□是	□否	
5	远程桌面连接测试（电脑端与移动端）	□是	□否	
6	清理软件安装包	□是	□否	
7	整理器材与设备	□是	□否	

九、交付验收

验收明细见表 2–4–2。

表 2–4–2　验收明细

验收项目	验收内容	验收情况
功能/性能	新增用户"CQCET–XX"，XX 代表读者姓名	
	开启远程桌面协议	
	电脑端与移动端远程桌面连接	
	远程连接速度为 10 Mb/s	
	开启远程连接剪贴板功能	
程序	网络操作系统安装包	
	手机远程连接 App	
用户手册	用户与密码信息手册	
	电脑端远程连接操作手册	
	移动端远程连接操作手册	

验收人：　　　　　　　　　　　　　　　　　　　确认人：

2.5 任务5　Windows Server 2019 网络操作系统 Web 服务器安装与配置

一、任务情境描述

Web 服务器一般指网站服务器，它是驻留于 Internet 上某种类型计算机的程序，可以处理浏览器等 Web 客户端的请求并返回相应响应，也可以放置网站文件，让全世界用户浏览。目前某公司完成 Web 网站软件开发，需要在公司服务器上部署测试，公司的运维工程师需完成网站平台的部署工作。

二、能力目标

（1）能掌握 Windows Server 2019 网络操作系统 IIS 服务器安装流程。
（2）能掌握 Windows Server 2019 网络操作系统 IIS 服务器配置技巧。

三、知识准备

Windows Server 2019 操作系统 Web 服务器安装与配置

1. 认识 Web 服务器

Web 服务器也称为 WWW（World Wide Web）服务器，主要功能是提供网上信息浏览服务。WWW 是 Internet 的多媒体信息查询工具，正是因为有了 WWW 工具，近年来 Internet 才迅速发展，且用户数量飞速增长。Web 服务器可以处理浏览器等 Web 客户端的请求并返回相应响应，也可以放置网站文件，让全世界网络用户浏览。

2. Web 服务器的工作流程

Web 服务器就是可以接收 HTTP 请求，然后将响应返回客户端的软件或设备。Web 服务器实现了 HTTP，管理着 Web 资源，并负责提供 Web 服务器的管理功能（配置、控制、扩展等），由于 Web 服务器主要与 HTTP 通信打交道，所以有时候也将其称作 HTTP 服务器，对应地，客户端浏览器可以称为 HTTP 客户端。Web 服务器的工作流程可以分为 7 个步骤——建立连接、接收请求、处理请求、访问资源、构建响应、返回响应、记录日志，如图 2-5-1 所示。

（1）建立连接：由于 HTTP 通信是基于 TCP 的，所以需要先建立连接才能开始通信，这也是在实现 Web 服务器的时候要指定 IP 地址和端口号的原因，客户端可以根据这个 IP 地址和端口号与服务器建立连接（TCP 的"三次握手"）。

（2）接收请求：一旦 Web 服务器与客户端建立连接，Web 服务器就可以接收从客户端发过来的请求报文，第一次请求时先建立连接，对于 HTTP/1.1 来说，默认支持持续连接，所以后续请求都可以在这个连接上进行，不需要额外建立连接。

（3）处理请求：Web 服务器收到请求报文并解析完成后（主要是请求首部），会对请求进行处理，比如 POST 请求需要包含请求实体，判断是否有访问权限、指定路径是否存在、返回缓存还是原始资源，如果是静态资源（比如 HTML、图片、CSS 文件等），则直接从文

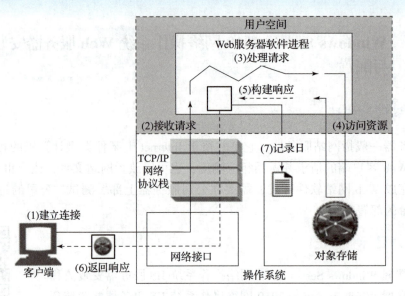

图 2-5-1　Web 服务器的工作流程

件系统获取并返回即可，如果是动态资源，还需要通过 CGI 网关请求后端应用程序接口（PHP、Java、Python 等编写的应用程序），如果配置了负载均衡，还要将请求转发。

（4）访问资源：Web 服务器根据请求处理结果去指定位置获取资源，如果资源存储在缓存中就从缓存获取，存储在文件系统中就从文件系统获取，存储在 CDN 中就从 CDN 处获取，存储在数据库中就从数据库获取等。

（5）构建响应：请求处理完成并获取对应的资源后，Web 服务器开始构建响应报文，响应首部和响应实体的设置需要遵循 HTTP 规范。

（6）返回响应：响应报文构建完成后，会沿着请求来路将其返回客户端，如果当前 HTTP 连接是持续连接，需要保持连接打开状态，否则会关闭连接。此时，需要注意的是，对持续连接而言，响应头中必须包含 Content - Length 首部字段，否则客户端不知道什么时候响应实体结束。

（7）记录日志：当一个 HTTP 事务（请求响应）结束后，Web 服务器通常会在日志中记录该事务。

3. 常见 Web 服务器平台

在 Linux 操作系统平台下使用最广泛的免费 Web 服务器是 Apache 和 Nginx 服务器，而 Windows 平台使用较多的是 IIS（Internet Information Services，互联网信息服务）服务器。

1）Internet Information Services

微软公司的 Web 服务器产品为 Internet Information Services（IIS），IIS 是允许在公共 Intranet 或 Internet 上发布信息的 Web 服务器。IIS 是目前最流行的 Web 服务器产品之一，很多著名的网站都建立在 IIS 的平台上，如图 2-5-2 所示。IIS 提供了一个图形界面的管理工具，称为 Internet 服务管理器，可用于监视配置和控制 Internet 服务。IIS 是一种 Web 服务组件，其中包括 Web 服务器、FTP 服务器、NNTP 服务器和 SMTP 服务器，分别用于网页浏览、文件传输、新闻服务和邮件发送等方面，它使得在网络（包括互联网和局域网）上发布信息成了一件很容易的事。它提供 ISAPI（Intranet Server API）作为扩展 Web 服务器功能的编程接口；同时，它还提供一个 Internet 数据库连接器，可以实现对数据库的查询和更新。

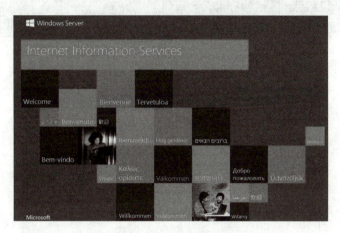

图 2-5-2　IIS 运行界面

2）Apache

Apache 仍然是世界上使用最多的 Web 服务器，其市场占有率为 60％左右。Apache 源于 NCSAhttpd 服务器，当 NCSAWWW 服务器项目停止后，那些使用 NCSAWWW 服务器的人们开始交换用于此服务器的补丁，这也是 Apache 名称的由来（补丁的英文为 patch）。世界上很多著名的网站都是 Apache 的产物，它的成功之处主要在于它的源代码开放、有一支开放的开发队伍、支持跨平台的应用（可以运行在几乎所有的 UNIX、Windows、Linux 操作系统平台上）以及具有可移植性等，如图 2-5-3 所示。

图 2-5-3　Linux 操作系统的 Apache 平台

3）Nginx

Nginx 是一款轻量级的 Web 服务器、反向代理服务器及电子邮件代理服务器。Nginx 在 BSD-like 协议下发行，其特点是占有内存少、并发能力强，如图 2-5-4 所示。

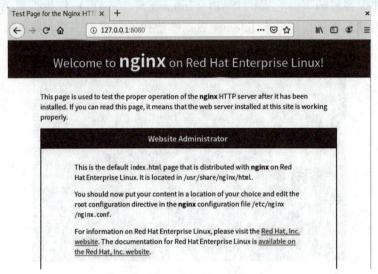

图 2-5-4 Linux 操作系统的 Nginx 平台

四、制定工作计划

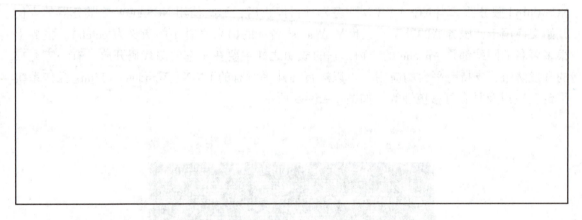

五、任务实施

1. 安装 Windows Server 2019 网络操作系统 IIS 服务器

（1）启动"服务器管理器"，选择"管理"选项，在子菜单中选择"添加角色和功能"选项，如图 2-5-5 所示。

（2）进入添加角色和功能向导，单击"下一步"按钮，如图 2-5-6 所示。

（3）选择"基于角色或基于功能的安装"选项，再单击"下一步"按钮，如图 2-5-7 所示。

（4）选择目标服务器后选择"从服务器池中选择服务器"选项，再选中服务器池中的服务器信息，完成后单击"下一步"按钮，如图 2-5-8 所示。

（5）在"服务器角色"的"角色"列表框中选择"Web 服务器（IIS）"选项，完成后单击"下一步"按钮，如图 2-5-9 所示。

项目2　Windows Server 2019操作系统部署

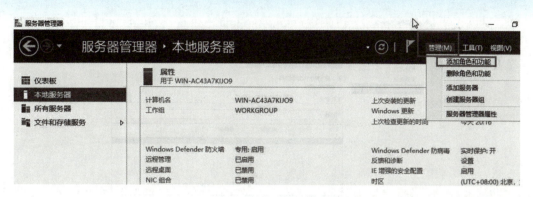

图2-5-5　添加角色和功能

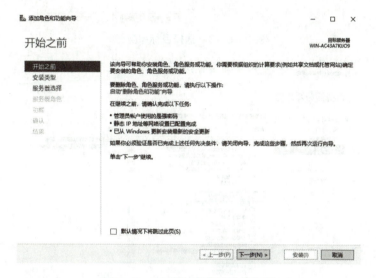

图2-5-6　添加角色和功能向导

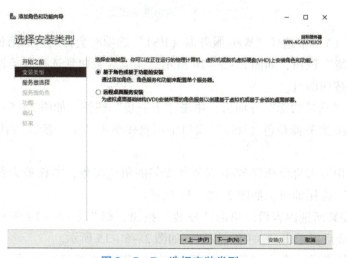

图2-5-7　选择安装类型

服务器管理与维护

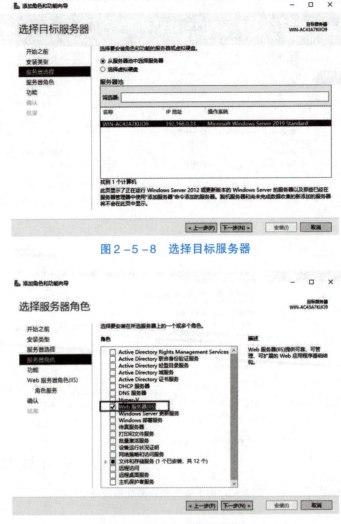

图2-5-8 选择目标服务器

图2-5-9 添加服务器角色

（6）在步骤（5）中选择"Web 服务器（IIS）"选项时会弹出添加角色和功能向导，直接单击"添加功能"按钮，如图 2-5-10 所示。完成后会回到选择服务器角色界面，直接单击"下一步"按钮即可。

（7）进入到"选择功能"界面后，单击"下一步"按钮，如图 2-5-11 所示。

（8）在"Web 服务器角色（IIS）"窗口中可直接单击"下一步"按钮，如图 2-5-12 所示。

（9）根据应用需求可以选择 Web 服务器安装的角色服务，本任务为默认安装选项，直接单击"下一步"按钮即可，如图 2-5-13 所示。

（10）确认安装所选内容后，单击"安装"按钮，如图 2-5-14 所示。整个安装过程需要几分钟，完成后再单击"关闭"按钮，如图 2-5-15 所示。

（11）安装完成后，进入"服务器管理器"，选择"工具"选项，再选择"Internet Information Services（IIS）管理器"选项，如图 2-5-16 所示。

项目2　Windows Server 2019操作系统部署

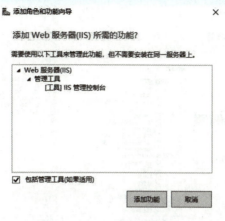

图2-5-10　添加功能确认

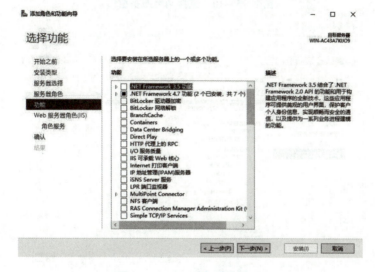

图2-5-11　选择功能选项

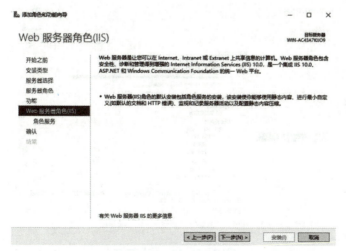

图2-5-12　"Web 服务器角色（IIS）"窗口

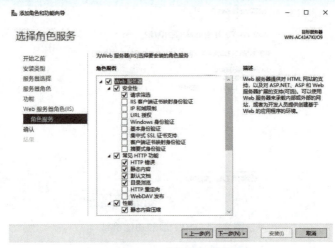

图2-5-13 选择角色服务窗口

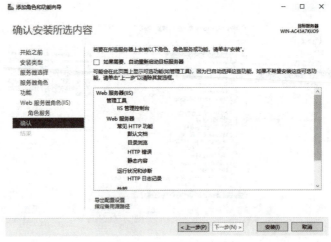

图2-5-14 安装确认窗口

图2-5-15 安装完毕

图 2-5-16　进入"服务器管理器"

（12）进入"Internet Information Services（IIS）管理器"界面，可以对 Web 服务器进行管理，若要检查是否安装成功，可以在浏览器中输入本机地址"http://127.0.0.1"进行访问测试或单击"Internet Information Services（IIS）管理器"左边的计算机名，展开后选择"网站"→"Default Web Site"选项，此时界面右边弹出站点信息，如图 2-5-17 所示，最后"浏览网站"→"浏览＊：80（http）"选项。

图 2-5-17　"Internet Information Services（IIS）管理"界面

（13）正常安装后即可进入 IIS 首页，如图 2-5-18 所示。

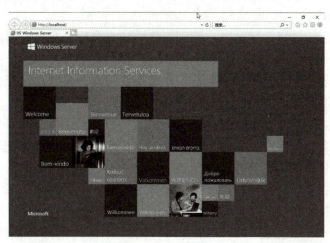

图 2-5-18　IIS 首页

2. 配置 Windows Server 2019 网络操作系统 IIS 服务器

（1）在"Internet Information Services（IIS）管理器"界面中选择"Default Web Site"选项后单击鼠标右键，选择"删除"选项，如图 2-5-19 所示。

（2）删除默认站点后，选中"网站"选项后单击鼠标右键选择"添加网站"选项，如图 2-5-20 所示。

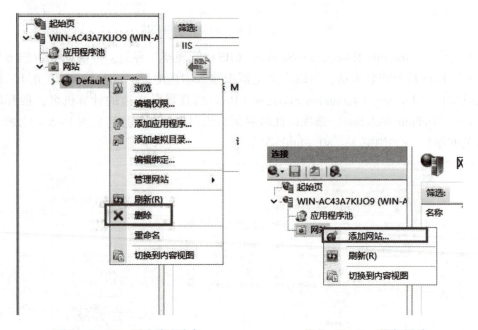

图 2-5-19　删除默认站点　　　　图 2-5-20　添加网站

（3）填写网站名称，再单击"物理路径"右边的"…"按钮可以设置指向站点路径（本任务指向 C 盘），在"绑定"区域可以选择访问时的 IP 地址（任务书中的 IP 地址和读者本机地址不一样，可以自行选择 IP 地址右边的下拉菜单查看）和端口号，如图 2-5-21 所示。注：若修改端口号，在访问时需添加端口号信息，如端口号改为 666，访问时则输入"http://IP 地址:666"。

（4）添加网站后，选择"网站"→刚刚新建的站点名称，在界面右边选择"浏览"选项，如图 2-5-22 所示。

（5）选择"浏览"选项后弹出新窗口，在新窗口的空白位置单击鼠标右键，选择"新建"→"文本文档"选项，如图 2-5-23 所示。

（6）按照图 2-5-24 所示内容编写网页代码。

（7）完成编写后直接保存和关闭上一步记事本程序内容，再选择记事本所在窗口顶部的"查看"→"文件扩展名"选项，如图 2-5-25 所示。

（8）用鼠标右键单击刚刚新建的记事本，选择"重命名"命令，修改名称为"index.html"，如图 2-5-26 所示，完成后单击"是"按钮。

（9）按照安装 IIS 服务器时的步骤（12）的操作方式来运行刚刚新建的网站，如图 2-5-27 所示，运行成功后会出现"重庆欢迎您"信息。

项目2　Windows Server 2019操作系统部署

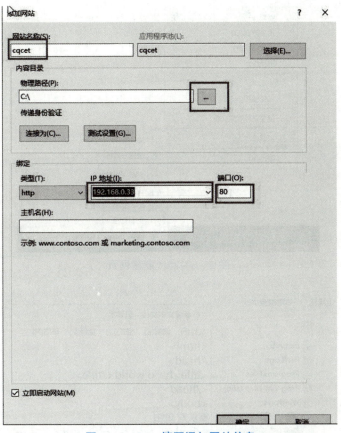

图2-5-21　填写添加网站信息

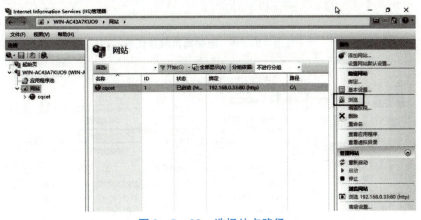

图2-5-22　选择站点路径

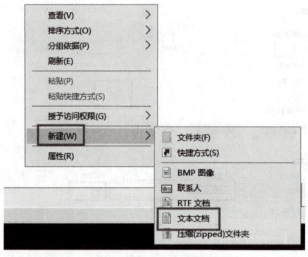

图2-5-23 新建网页

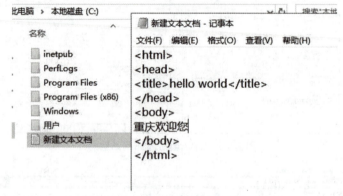

图2-5-24 新建网页程序代码

图2-5-25 修改扩展名

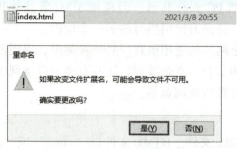

图2-5-26 确认修改扩展名

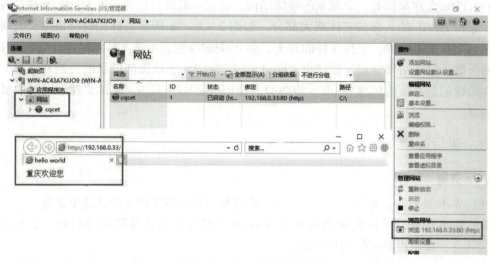

图2-5-27 网站运行界面

六、知识拓展

1. 认识HTML

HTML的全称为超文本标记语言，它包括一系列标签，通过这些标签可以将网络上的文档格式统一，使分散的Internet资源连接为一个逻辑整体。HTML文本是由HTML命令组成的描述性文本，HTML命令可以说明文字、图形、动画、声音、表格、链接等。超文本是一种组织信息的方式，它通过超级链接方法将文本中的文字、图表与其他信息媒体关联。这些相互关联的信息媒体可能在同一文本中，也可能是其他文件，或地理位置相距遥远的某台计算机上的文件。这种组织信息方式将分布在不同位置的信息资源用随机方式进行连接，为人们查找、检索信息提供方便。

2. HTML的特点

HTML文档的制作不是很复杂，但功能强大，支持不同数据格式的文件嵌入，这也是万维网（WWW）盛行的原因之一，其主要特点包括：

（1）简易性：HTML版本升级采用超集方式，从而更加灵活方便。

（2）可扩展性：HTML的广泛应用带来了加强功能，增加标识符等要求，HTML采取子类元素的方式，为系统扩展带来保证。

(3) 平台无关性：虽然 PC 大行其道，但使用 MAC 等其他机器的也大有人在，HTML 可以使用在广泛的平台上，这是万维网盛行的另一个原因。

(4) 通用性：HTML 是网络的通用语言，是一种简单、通用的全置标记语言。它允许网页制作人建立文本与图片相结合的复杂页面，这些页面可以被网上任何其他人浏览，无论浏览者使用的是什么类型的计算机或浏览器。

3. HTML 结构

一个网页对应多个 HTML 文件，HTML 文件以 ".htm" 或 ".html" 为扩展名。可以使用任何能够生成 TXT 类型源文件的文本编辑器来产生 HTML 文件，只用修改文件后缀即可。标准的 HTML 文件都具有一个基本的整体结构，标记一般成对出现，即 HTML 文件的开头与结尾标志和 HTML 的头部与实体两大部分，如图 2-5-28 所示。标记符 < html > 说明该文件是用 HTML 来描述的，它是文件的开头，而 </html> 则表示该文件的结尾，它们是 HTML 文件的开始标记和结尾标记。标记符 < head >、</head > 表示头部信息的开始和结尾。头部中包含的标记是页面的标题 < title > 等内容。标记符 < body >、</body > 表示网页中显示的实际内容。

七、课后习题

1. 填空题

（1）Web 服务器也称为（　　　　），其主要功能是提供网上信息浏览服务。

（2）Web 服务器可以处理浏览器等 Web 客户端的请求并返回相应响应，也可以放置（　　　　），让全世界网络用户浏览。

（3）Web 服务器就是可以接收（　　　　）请求，然后将响应返回客户端的软件或设备。

（4）IIS 是允许在公共 Intranet 或 Internet 上发布信息的（　　　　）。

（5）Nginx 是一款轻量级的（　　　　）、反向代理服务器及电子邮件代理服务器。

2. 判断题

（1）HTML 的全称为超文本标记语言。　　　　　　　　　　　　　　　（　　）

（2）HTML 文档的制作不是很复杂，但功能强大，支持不同数据格式的文件嵌入。

（　　）

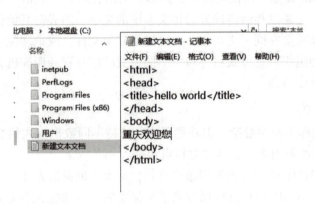

图 2-5-28　HTML 结构

(3) 一个网页对应多个 HTML 文件，HTML 文件以 ".htm" 或 ".html" 为扩展名。
(　　)

(4) IIS 服务器默认访问端口号是 80。(　　)

(5) 标记符 <head>、</head> 表示头部信息的开始和结尾。(　　)

3. 简答题

(1) 请用 HTML 写出简单的网页框架。

(2) Web 服务器可以提供什么应用服务？

项目 2 – 任务 5 质量自检/交付验收表

专业：_____   班级：_____   小组：_____   姓名：_____

八、质量自检

质量自检见表 2-5-1。

表 2-5-1 质量自检

序号	名称	完成情况	备注
1	虚拟机正常运行	□是　□否	
2	网络操作系统正常运行	□是　□否	
3	IIS 服务器安装成功	□是　□否	
4	IIS 服务器默认站点运行正常	□是　□否	
5	新建站点正常	□是　□否	
6	自己的网站运行正常	□是　□否	
7	清理软件安装包	□是　□否	
8	整理器材与设备	□是　□否	

九、交付验收

验收明细见表 2-5-2。

表 2-5-2 验收明细

验收项目	验收内容	验收情况
功能	站点端口修改为"4567"	
	新建站点名称为"读者姓名"	
	站点路径指向 C 盘，新建"读者学号"文件夹	
性能	网站能在本机正常运行	
	网站可以通过小组其他设备上的浏览器访问	
程序	网站 HTML 文件	
用户手册	安装 IIS 服务器手册	
	配置 IIS 服务器手册	
	访问 IIS 服务器使用手册	
验收人：		确认人：

2.6 任务6　Windows Server 2019 网络操作系统 FTP 服务器安装与配置

一、任务情境描述

FTP 服务器（File Transfer Protocol Server）是在互联网上提供文件存储和访问服务的计算机应用平台，它依照 FTP 提供服务。目前，某电商企业需要为市场部门员工搭建网络存储空间以方便进行个人业务数据存储和管理。运维工程师应如何通过 FTP 服务器进行网络磁盘空间管理和扩充？

二、能力目标

（1）能掌握 Windows Server 2019 网络操作系统 FTP 服务器安装流程。
（2）能掌握 Windows Server 2019 网络操作系统 FTP 服务器配置方法。

Windows Server 2019 操作系统 FTP 服务器安装与配置

三、知识准备

1. 认识 FTP 服务器

FTP 服务器是在互联网上提供文件存储和访问服务的计算机应用平台，它依照 FTP 提供服务。FTP 是文件传输协议（File Transfer Protocol），用来在两台计算机之间传输文件，在 Internet 中的应用非常广泛。它可根据实际需要设置各用户的使用权限，同时还具有跨平台的特性，即在 UNIX、Linux 和 Windows 等操作系统中都可实现 FTP 客户端和服务器，相互之间可跨平台进行文件的传输。因此，FTP 服务是网络中经常采用的资源共享方式之一。

2. FTP 服务器的类型

1）授权 FTP 服务器

授权 FTP 服务器只允许该 FTP 服务器系统上的授权用户使用。在使用授权 FTP 服务器之前必须向系统管理员申请用户名和密码，连接此类 FTP 服务器时必须输入用户名和密码。

2）匿名 FTP 服务器

匿名 FTP 服务器允许任何用户以匿名账户"FTP"或"anonymous"登录，并对授权的文件进行查阅和传输。

3. FTP 的工作流程

FTP 采用 Internet 标准文件传输协议，向用户提供一组用来管理计算机之间文件传输的应用程序。FTP 是基于客户服务器（C/S）模型设计的，在客户端与 FTP 服务器之间建立两个连接。FTP 的独特优势（同时也是它与其他客户服务器程序的最大不同点）就在于它在两台通信的主机之间使用了两条 TCP 连接，一条是数据连接，用于数据传送；另一条是控制连接，用于传送控制信息（命令和响应），这种将命令和数据分开传送的思想大大提高了 FTP 的效率，而其他客户服务器程序一般只有一条 TCP 连接。在整个交互的 FTP 会话中，控制连接始终处于连接状态，数据连接则在每一次文件传送时先打开后关闭，如图 2-6-1 所示。

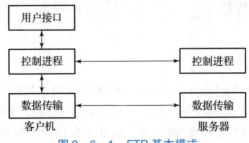

图 2-6-1　FTP 基本模式

4. FTP 传输模式

FTP 的任务是将文件从一台计算机传送到另一台计算机，它与这两台计算机所处的位置、连接的方式，甚至是否使用相同的操作系统无关。FTP 有两种传输模式：ASCII 传输模式和二进制数据传输模式。

1）ASCII 传输模式

假定用户正在复制的文件包含的简单 ASCII 码文本，如果在远程计算机上运行的是不同的操作系统，当文件传输时 FTP 通常会自动地调整文件的内容以便把文件解释成另外那台计算机存储文本文件的格式。

2）二进制传输模式

在二进制传输模式中，保存文件的位序，以便使原始文件和复制的文件是逐位对应的，即使目的地计算机上包含位序列的文件是没意义的。如果在 ASCII 传输模式下传输二进制文件，即使没有需要也仍会转译。这会使传输稍微变慢，也会损坏数据，使文件变得不能用。

四、制定工作计划

五、任务实施

1. 安装 Windows Server 2019 网络操作系统 FTP 服务器

（1）进入"服务器管理器"，选择"管理"→"添加角色和功能"选项，如图 2-6-2 所示。

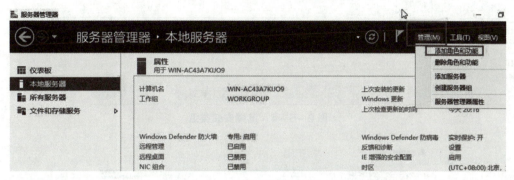

图 2-6-2 "服务器管理器"界面

（2）在添加角色和功能向导中单击"下一步"按钮，如图 2-6-3 所示。

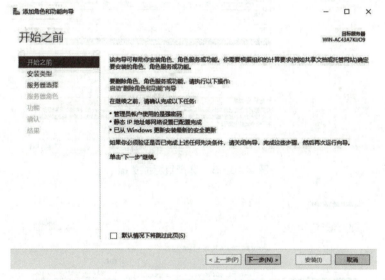

图 2-6-3 添加角色和功能向导

（3）选择"基于角色或基于功能的安装"选项，然后单击"下一步"按钮，如图 2-6-4 所示。

（4）在"选择目标服务器"窗口中选择"从服务器池中选择服务器"选项，在服务器池中选择读者本机信息，如图 2-6-5 所示，最后单击"下一步"按钮。

（5）选择"Web 服务器（IIS）"→"FTP 服务器"选项，如图 2-6-6 所示，最后单击"下一步"按钮。

（6）在"选择功能"窗口可以选择需要添加的功能，本任务保留默认选项即可，然后单击"下一步"按钮，如图 2-6-7 所示。

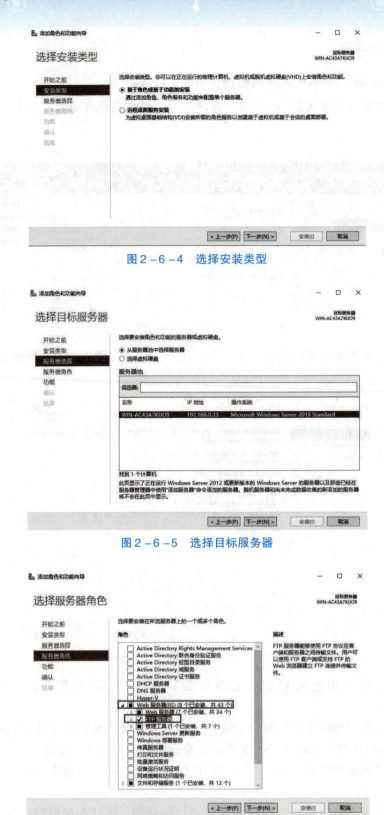

图2-6-4 选择安装类型

图2-6-5 选择目标服务器

图2-6-6 选择服务器角色

图2-6-7 "选择功能"窗口

(7) 检查安装所选内容,无误后单击"安装"按钮,如图2-6-8所示。

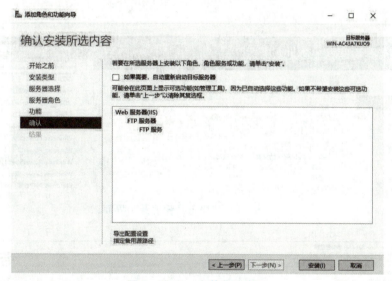

图2-6-8 安装确认窗口

(8) 等待几分钟后显示安装完成,单击"关闭"按钮,如图2-6-9所示。

2. 配置 Windows Server 2019 网络操作系统 FTP 服务器

(1) 进入"服务器管理器",选择"工具"→"Internet Information Services(IIS)管理器"选项,如图2-6-10所示。

(2) 进入"Internet Information Services(IIS)管理器",用鼠标右键单击"网站"节点,选择"添加FTP站点"命令,如图2-6-11所示。

(3) 根据个人需求填写FTP站点名称和共享目录路径(本任务共享路径指向C盘根目录),如图2-6-12所示。

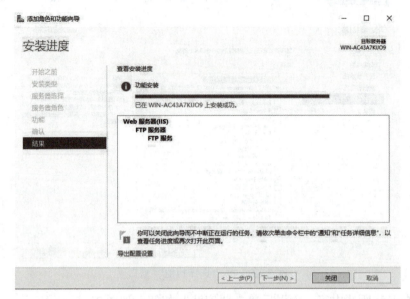

图2-6-9 安装成功

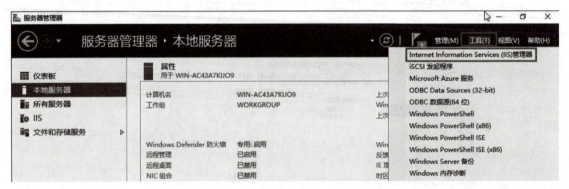

图2-6-10 "服务器管理器"界面

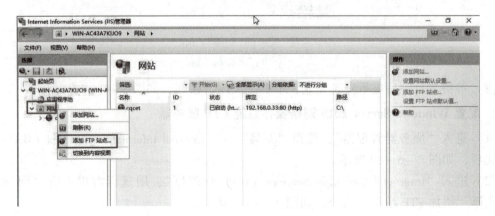

图2-6-11 创建FTP站点

项目2　Windows Server 2019操作系统部署

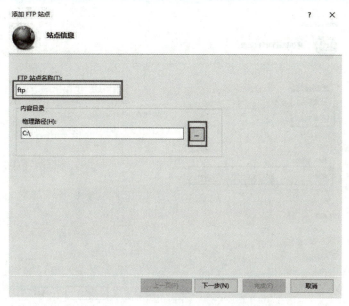

图 2-6-12　添加 FTP 站点信息

（4）设置访问 IP 地址、端口号（默认 21）和 SSL 加密，如图 2-6-13 所示。注：图片中的 IP 地址与读者的本机 IP 地址不同，单击 IP 地址右边下拉按钮，系统会自动生成本机地址信息。若修改端口号，在访问时需添加端口号信息，如端口号改为 666，访问时需输入"ftp://IP 地址:666"。

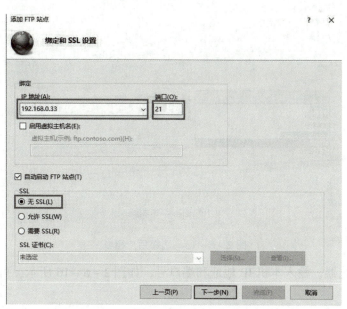

图 2-6-13　设置 FTP 配置信息

（5）设置登录时的身份验证，本任务设置为支持匿名登录模式，如图 2-6-14 所示。若要设置指定用户登录，可在"授权"区域的下拉菜单中指定用户，如图 2-6-15 所示。

123

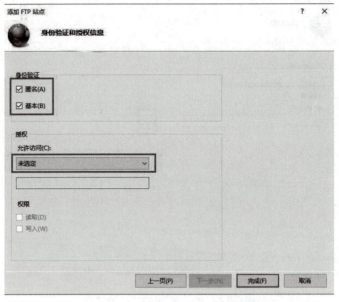

图2-6-14 选择登录方式

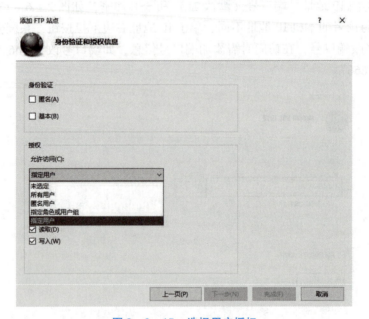

图2-6-15 选择用户授权

（6）打开浏览器，输入本机IP地址和端口号，如图2-6-16所示，可打开FTP登录对话框。

六、知识拓展

1. 认识SSL协议

SSL（Secure Sockets Layer，安全套接字）协议及其继任者TLS（Transport Layer

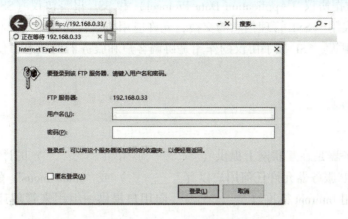

图 2-6-16　FTP 登录对话框

Security，传输层安全）协议是为网络通信提供安全及数据完整性的一种安全协议。TLS 协议与 SSL 协议在传输层与应用层之间对网络连接进行加密。SSL 协议位于 TCP/IP 与各种应用层协议之间，为数据通信提供安全支持。SSL 协议可分为两层：SSL 记录协议（SSL Record Protocol），它建立在可靠的传输协议（如 TCP）之上，为高层协议提供数据封装、压缩、加密等基本功能的支持；SSL 握手协议（SSL Handshake Protocol），它建立在 SSL 记录协议之上，用于在实际的数据传输开始前通信双方的身份认证、加密算法协商、加密密钥交换等。

2. SSL 协议提供的服务功能

（1）认证用户和服务器，确保数据发送到正确的客户机和服务器；

（2）加密数据以防止数据中途被窃取；

（3）维护数据的完整性，确保数据在传输过程中不被改变。

3. SSL 协议的结构

SSL 协议的结构中包含两个协议子层，如图 2-6-17 所示，其中底层是 SSL 记录协议层（SSL Record Protocol Layer），高层是 SSL 握手协议层（SSL HandShake Protocol Layer）。

握手	加密参数修改	报警	应用数据（HTTP）
SSL记录协议层			
TCP			
IP			

图 2-6-17　SSL 协议的结构

SSL 记录协议层的作用是为高层协议提供基本的安全服务。SSL 记录协议针对 HTTP 进行了特别的设计，使超文本的传输协议 HTTP 能够在 SSL 运行。记录封装各种高层协议，具体实施压缩解/压缩、加密/解密、计算和校验 MAC 等与安全有关的操作。

SSL 握手协议层包括 SSL 握手协议、SSL 密码参数修改协议（SSL Change Cipher Spec

Protocol)、应用数据协议（Application Data Protocol）和 SSL 报警协议（SSL Alert Protocol）。握手层的这些协议用于 SSL 管理信息的交换，允许应用协议传送数据之间相互验证、协商加密算法和生成密钥等。SSL 握手协议的作用是协调客户和服务器的状态，使双方能够达到状态同步。

七、课后习题

1. 填空题

（1）FTP 服务器是在互联网上提供（　　　）和（　　　）的计算机。

（2）匿名 FTP 服务器允许任何用户以（　　　）或"anonymous"登录。

（3）FTP 采用 Internet 标准（　　　），向用户提供一组用来管理计算机之间文件传输的应用程序。

（4）FTP 的任务是将文件从一台计算机传送到另一台计算机，它与这两台计算机所处的位置、（　　　），甚至是否使用相同的操作系统无关。

（5）SSL 协议的结构中包含（　　　）子层。

2. 判断题

（1）SSL 记录协议层的作用是为高层协议提供基本的安全服务。　　　　　　（　　）

（2）SSL 握手协议的作用是协调客户和服务器的状态，使双方能够达到状态的同步。
　　　　　　　　　　　　　　　　　　　　　　　　　　　　　　　　　（　　）

（3）FTP 有两种传输模式：ASCII 传输模式和二进制传输模式。　　　　　　（　　）

（4）在二进制传输模式中，保存文件的位序，以便原始文件和复制的文件是逐位对应的。　　　　　　　　　　　　　　　　　　　　　　　　　　　　　　　　（　　）

（5）在整个交互的 FTP 会话中，控制连接始终处于连接状态，数据连接则在每一次文件传送时先打开后关闭。　　　　　　　　　　　　　　　　　　　　　　（　　）

3. 简答题

请简述安装 Windows Server 2019 网络操作系统 FTP 服务器的基本流程。

项目 2 – 任务 6　质量自检/交付验收表

专业：_____　　班级：_____　　小组：_____　　姓名：_____

八、质量自检

质量自检见表 2-6-1。

表 2-6-1　质量自检

序号	名称	完成情况		备注
1	虚拟机正常运行	□是	□否	
2	网络操作系统正常运行	□是	□否	
3	正确安装 FTP 服务器	□是	□否	
4	正确配置 FTP 服务器	□是	□否	
5	清理软件安装包	□是	□否	
6	整理器材与设备	□是	□否	

九、交付验收

验收明细见表 2-6-2。

表 2-6-2　验收明细

验收项目	验收内容	验收情况
功能/性能	FTP 访问端口设置为 567	
	FTP 共享目录指向 C 盘"读者学号"文件夹	
	添加登录用户"读者姓名"	
	小组成员相互连通资源互访	
用户手册	FTP 服务器安装手册	
	FTP 服务器配置手册	
	FTP 服务器用户登录信息手册	
验收人：		确认人：

2.7 任务7　Windows Admin Center 安装与配置

一、任务情境描述

Windows Admin Center 是本地部署的基于浏览器的应用，用于管理 Windows 服务器、群集、超融合基础设施等。它是免费产品，可在生产中使用。某企业需要通过浏览器对服务器中的功能进行管理与配置，运维工程师应该如何完成这项任务？

二、能力目标

（1）能掌握 Windows Admin Center 的安装步骤。
（2）能掌握 Windows Admin Center 的配置方法。

Windows Admin Center 安装与配置

三、知识准备

Windows Admin Center 是一个在本地部署的基于浏览器的新管理工具集，如图 2-7-1 所示。Windows Admin Center 让用户能够管理 Windows Server，而无须依赖 Azure 或云。利用 Windows Admin Center，可以完全控制服务器基础结构的各个方面，它对于在未连接到 Internet 的专用网络上管理服务器特别有用。

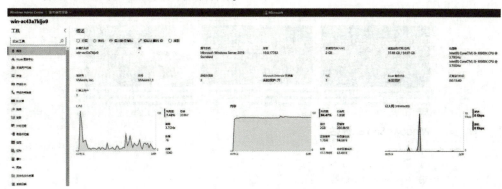

图 2-7-1　Windows Admin Center 界面

四、制定工作计划

五、任务实施

1. 安装 Windows Admin Center

（1）下载 Windows Admin Center 安装包。进入微软公司 Windows Admin Center 页面（https://docs.microsoft.com/zh-cn/windows-server/manage/windows-admin-center/overview），如图 2-7-2 所示，单击"立即下载"链接，在弹出的页面中单击"继续"按钮即可下载，如图 2-7-3 所示。

图 2-7-2　微软公司 Windows Admin Center 页面

图 2-7-3　Windows Admin Center 下载页面

（2）运行下载后的安装包，勾选"我接受这些条款"复选框，然后单击"下一步"按钮，如图 2-7-4 所示。

（3）选择"必需诊断数据"选项，再单击"下一步"按钮，如图 2-7-5 所示。

（4）选择更新方式，本任务选择"我不想使用'Microsoft 更新'"选项，然后单击"下一步"按钮，如图 2-7-6 所示。

项目2 Windows Server 2019操作系统部署

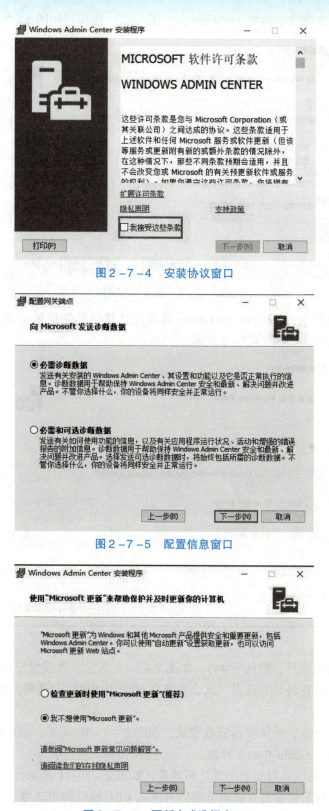

图2-7-4 安装协议窗口

图2-7-5 配置信息窗口

图2-7-6 更新方式选择窗口

(5) 可以自行参阅安装方案，然后单击"下一步"按钮，如图 2-7-7 所示。

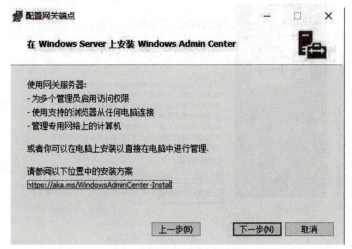

图 2-7-7　安装方案窗口

(6) 勾选"允许 Windows Admin Center 修改此计算机的受信任主机设置"复选框，再单击"下一步"按钮，如图 2-7-8 所示。

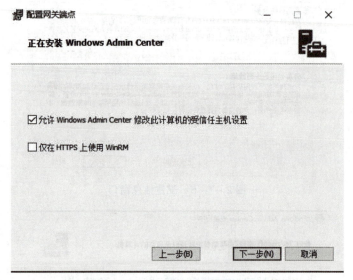

图 2-7-8　连接方式设置窗口

(7) 设置连接端口号，默认为 443，如图 2-7-9 所示。再设置安全连接 SSL 模式，本任务选择"生成自动签名 SSL 证书。此证书将在 60 天内到期。"选项，完成后单击"安装"按钮。

(8) 等待几分钟后，系统提示安装完成，如图 2-7-10 所示，单击自动生成的 URL 地址即可进入 Windows Admin Center 界面。

(9) 单击 URL 地址后可能会出现乱码现象，如图 2-7-11 所示。可以安装其他浏览器解决此问题，本任务下载安装谷歌浏览器后再进入 URL 地址即可正常显示，如图 2-7-12 所示。

项目2 Windows Server 2019操作系统部署

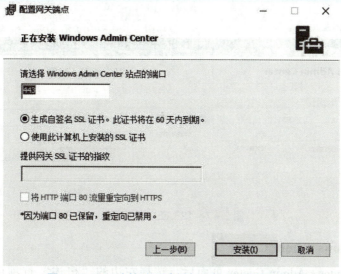

图2-7-9 连接端口选择与连接安全设置窗口

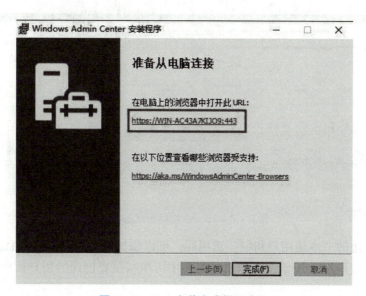

图2-7-10 安装完成提示窗口

图2-7-11 浏览器乱码显示

图 2-7-12　正常运行界面

2. 配置 Windows Admin Center

（1）进入 Windows Admin Center 页面后，选择左边的"概述"选项可查看本机运行状态信息，如图 2-7-13 所示。

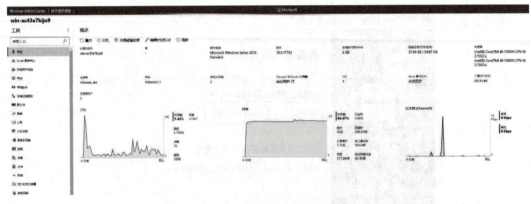

图 2-7-13　系统运行状态数据

（2）选择左边的"本地用户和组"选项后，可以添加并设置新用户信息，如图 2-7-14 所示，单击"新建用户"按钮，在弹出的窗口中可填写需要创建的用户信息。

图 2-7-14　本地用户和组设置页面

（3）选择左边的"存储"选项可设置磁盘分区，如图 2-7-15 所示，单击"磁盘"→"创建卷"按钮，在弹出的菜单中可以设置磁盘分区。在安装 Windows Server 2019 网络操作系统任务中已预留了 10 GB 左右的磁盘空间，这时可以把该预留空间划分到"驱动器号"

中,如图2-7-16所示。

图2-7-15 创建磁盘分区

图2-7-16 创建卷

(4)选择左边的"计划任务"选项可以设置自动运行计划任务,如图2-7-17所示,单击"创建"按钮,在弹出的菜单中填写需要设置自动运行的程序,本任务设置自动运行谷歌浏览器,如图2-7-18所示。设置完成后可查看计划任务项,如图2-7-19所示。

图2-7-17 "计划任务"窗口

图 2-7-18 添加计划任务内容

图 2-7-19 计划任务信息

（5）选择左边的"角色和功能"选项可以设置需要安装的服务，如 Web 服务、FTP 服务等，如图 2-7-20 所示。

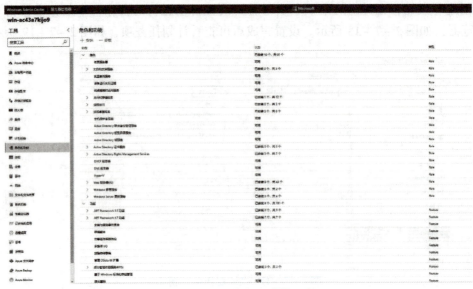

图 2-7-20 "角色和功能"窗口

（6）选择左边的"事件"选项，可以查看本机出现的报警信息，如图2-7-21所示。

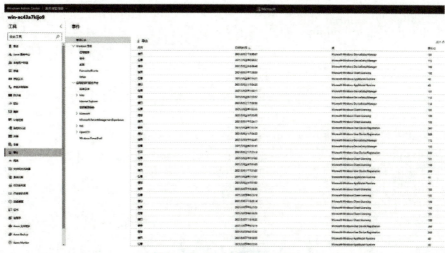

图2-7-21 "事件"窗口

（7）选择左边的"性能监视图"选项，可以设置需要实时监控的数据，如图2-7-22所示，单击"空白工作区"图标，筛选需要显示的内容，如图2-7-23所示。

图2-7-22 "性能监控图"窗口

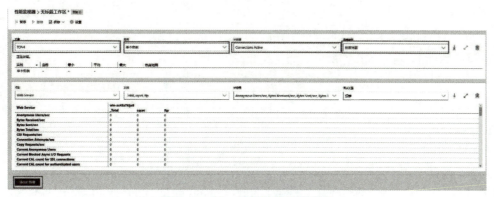

图2-7-23 性能监控筛选窗口

项目 2 – 任务 7 质量自检/交付验收表

专业：_____   班级：_____   小组：_____   姓名：_____

六、质量自检

质量自检见表 2 – 7 – 1。

表 2 – 7 – 1 质量自检

序号	名称	完成情况	备注
1	虚拟机正常运行	□是　□否	
2	网络操作系统正常运行	□是　□否	
3	正确安装 Windows Admin Center	□是　□否	
4	Windows Admin Center 正常运行	□是　□否	
5	清理软件安装包	□是　□否	
6	整理器材与设备	□是　□否	

七、交付验收

验收明细见表 2 – 7 – 2。

表 2 – 7 – 2 验收明细

验收项目	验收内容	验收情况
功能/性能	安装谷歌浏览器	
	运行 Windows Admin Center	
	开启自动运行计划任务	
	划分磁盘空间	
	Windows Admin Center 检查系统硬件信息	
	Windows Admin Center 监视网络运行状态	
程序	谷歌浏览器安装包	
	Windows Admin Center 安装包	
用户手册	Windows Admin Center 安装手册	
	Windows Admin Center 配置手册	
	计划任务运行手册	

验收人：　　　　　　　　　　　　　　　　确认人：

2.8 任务8 Windows Server 2019 网络操作系统 DNS 服务器安装与配置

一、任务情境描述

域名系统（Domain Name System，DNS）是互联网的一项服务。它作为将域名和 IP 地址相互映射的一个分布式数据库，能够使人们更方便地访问互联网。某企业已搭建完 Web 服务器，但目前只能通过 IP 地址方式访问站点。为了让企业员工更便捷地记忆 Web 服务器地址，企业运维部门安排你搭建 DNS，以便通过输入企业英文名称来直接访问 Web 服务器。

二、能力目标

（1）能掌握 Windows Server 2019 网络操作系统 DNS 服务器安装方法。
（2）能掌握 Windows Server 2019 网络操作系统 DNS 服务器配置流程。
（3）能掌握 Windows Server 2019 网络操作系统 DNS 服务器测试技巧。

Windows Server 2019 操作系统 DNS 服务器安装与配置

三、知识准备

1. 认识 DNS

DNS 是互联网的一项服务。它作为将域名和 IP 地址相互映射的一个分布式数据库，能够使人们更方便地访问互联网。DNS 使用 TCP 和 UDP 端口 53，对于每一级域名长度的限制是 63 个字符，域名总长度不能超过 253 个字符。虽然互联网上的节点都可以用 IP 地址唯一标识，并且可以通过 IP 地址被访问，但即使将 32 位的二进制 IP 地址写成 4 个 0~255 的十进制数形式也依然太长、太难记。因此，人们发明了 DNS，DNS 可将一个 IP 地址关联到一组有意义的字符上去。用户访问一个网站的时候，既可以输入该网站的 IP 地址，也可以输入其域名，对访问而言，两者是等价的，如图 2-8-1 所示。例如：百度公司的 Web 服务器的 IP 地址是 202.108.22.5，其对应的域名是 www.baidu.com，不管用户在浏览器中输入的是"http://202.108.22.5/"还是"www.baidu.com"，都可以访问其 Web 网站。

图 2-8-1 DNS 服务器的应用场景

2. DNS 服务器的功能

DNS 服务器可以提供域名解析服务，域名解析是把域名指向网站空间的 IP 地址，让人们通过注册的域名可以方便地访问网站的一种服务。IP 地址是网络上标识站点的数字地址，为了方便记忆,采用域名代替 IP 地址标识站点地址。域名解析就是域名到 IP 地址的转换过程,如图 2-8-2 所示。域名的解析工作由 DNS 服务器完成。

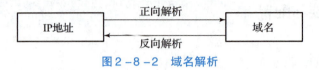

图 2-8-2 域名解析

3. DNS 服务器的类型

DNS 服务器有 3 种类型:主 DNS 服务器、辅 DNS 服务器、存根服务器。

1) 主 DNS 服务器

主 DNS 服务器包含本域内所有的主机名及其对应的 IP 地址,以及一些关于区的信息。主 DNS 服务器可以使用所在区的信息来回答客户机的询问,通过询问其他 DNS 服务器获得所需的信息,主 DNS 服务器的信息以资源记录的形式进行存储。

2) 辅 DNS 服务器

辅 DNS 服务器一般用于主 DNS 服务器的数据备份,辅 DNS 服务器中也有一个存储空间,用于保存从其他 DNS 服务器中得到的数据信息。

3) 存根服务器

存根服务器通常是为了减少 DNS 的传输量而建立的。当用户向存根服务器发出询问时,存根服务器仅转发给其他 DNS 服务器,完成转发后会记录转发信息,如果下次客户发出同样的询问可以直接用缓存中的信息来回答,无须将询问转发给其他 DNS 服务器。

四、制定工作计划

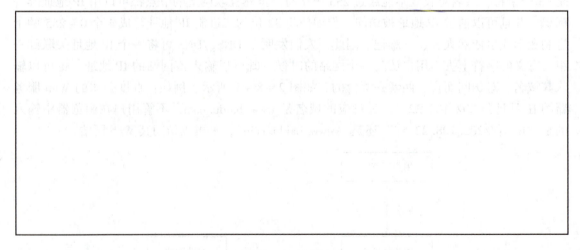

五、任务实施

1. 安装 Windows Server 2019 网络操作系统 DNS 服务器

(1) 设置静态 IP 地址,本任务的地址设置为 C 类私有地址,如图 2-8-3 所示。

(2) 进入"服务器管理器",选择"管理"→"添加角色和功能"选项,如图 2-8-4 所示。

项目2　Windows Server 2019操作系统部署

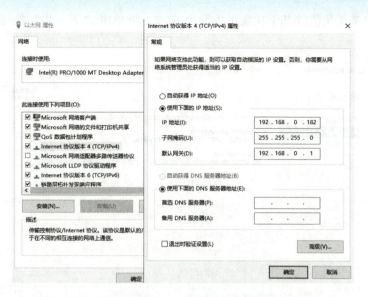

图 2-8-3　设置静态 IP 地址

图 2-8-4　"服务器管理器"界面

(3) 进入到添加角色和功能向导后单击"下一步"按钮,如图 2-8-5 所示。

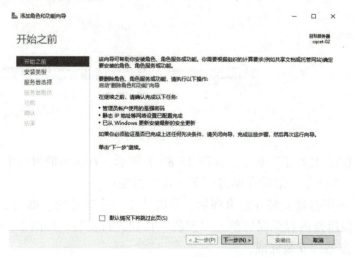

图 2-8-5　"添加角色和功能向导"界面

143

(4)选择"基于角色或基于功能的安装"选项,再单击"下一步"按钮,如图2-8-6所示。

图2-8-6 选择安装类型

(5)选择"从服务器池中选择服务器"选项,然后选择服务器池中的计算机,完成后单击"下一步"按钮,如图2-8-7所示。

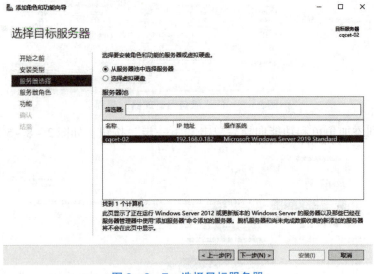

图2-8-7 选择目标服务器

(6)选择"DNS服务器"选项,如图2-8-8所示,在弹出的窗口中单击"添加功能"按钮,如图2-8-9所示,最后在单击"下一步"按钮。

(7)阅读DNS服务器安装注意事项后,单击"下一步"按钮,如图2-8-10所示。

(8)确认安装所选内容无误后单击"安装"按钮进行安装,如图2-8-11所示。等待几分钟后DNS服务器即安装完成。

项目2　Windows Server 2019操作系统部署

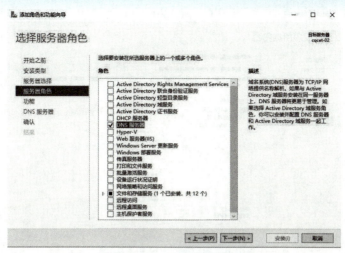

图2-8-8　选择服务器角色

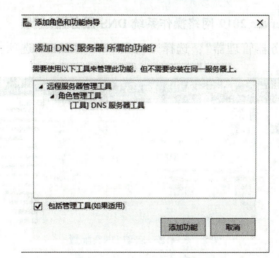

图2-8-9　确认添加功能

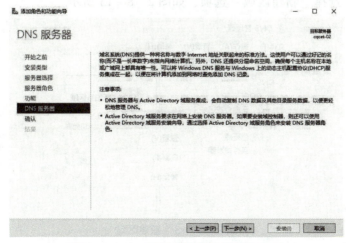

图2-8-10　DNS服务器安装注意事项

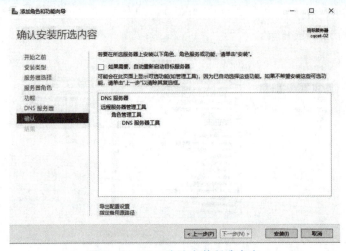

图 2-8-11 确认安装所选内容

2. 配置 Windows Server 2019 网络操作系统 DNS 服务器

（1）再次进入"服务器管理器"，选择"工具"→"DNS"选项，如图 2-8-12 所示。

图 2-8-12 启动 DNS 配置

（2）单击"DNS 管理器"窗口左边的计算机名，在弹出的子菜单中用鼠标右键单击"正向查找区域"，选择"新建区域"选项，如图 2-8-13 所示。

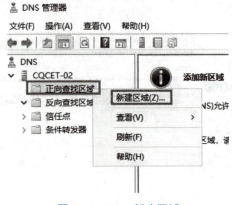

图 2-8-13 新建区域

(3) 进入"新建区域向导"界面,单击"下一步"按钮,如图 2-8-14 所示。

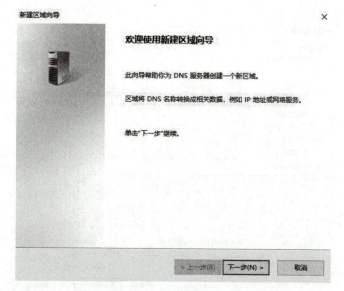

图 2-8-14 "新建区域向导"界面

(4) 选择"主要区域"选项,单击"下一步"按钮,如图 2-8-15 所示。

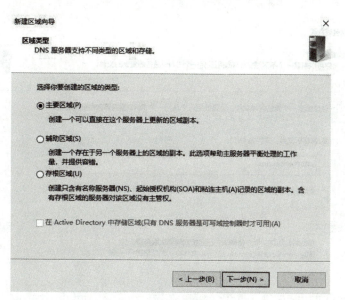

图 2-8-15 选择要创建的区域类型

(5) 根据个人应用情况填写区域名称,本任务填写"cqcet.local"区域名,如图 2-8-16 所示,填写完成后单击"下一步"按钮。

(6) 选择"创建新文件,文件名为"选项,系统会自动生成新文件名称,完成后单击"下一步"按钮,如图 2-8-17 所示。

(7) 本任务为非动态更新,选择"不允许动态更新"选项即可,如图 2-8-18 所示。

(8) 确认新建区域信息无误后,单击"完成"按钮,如图 2-8-19 所示。

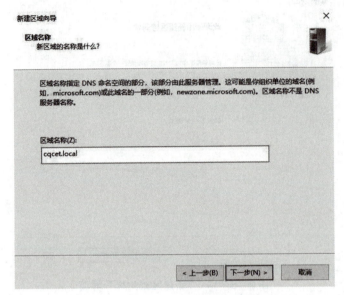

图2-8-16 填写区域名称

图2-8-17 创建新文件

项目2　Windows Server 2019操作系统部署

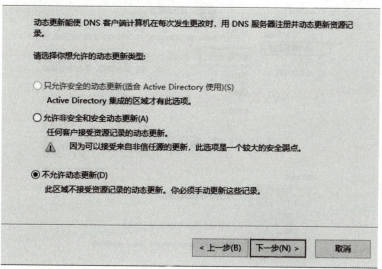

图2-8-18　设置动态更新

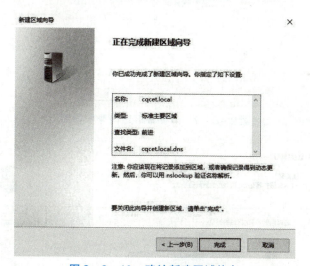

图2-8-19　确认新建区域信息

（9）回到"DNS 管理器"窗口，用鼠标右键单击"反向查找区域"后选择"新建区域"选项，如图2-8-20所示。

（10）进入"新建区域向导"界面后单击"下一步"按钮，如图2-8-21所示。

（11）选择区域类型为"主要区域"，完成后单击"下一步"按钮，如图2-8-22所示。

（12）选择"IPv4反向查找区域"选项，再单击"下一步"按钮，如图2-8-23所示。

（13）选择"网络 ID"选项，再填写 IP 地址前3部分，如图2-8-24所示。注：IP 地址为本任务安装 DNS 服务器时第（1）步所设置的地址信息。

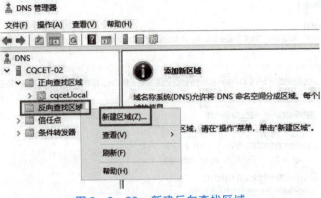

图2-8-20 新建反向查找区域

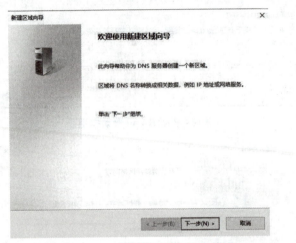

图2-8-21 "新建区域向导"界面

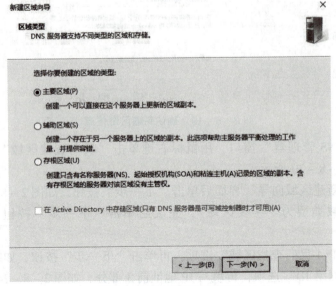

图2-8-22 选择区域类型

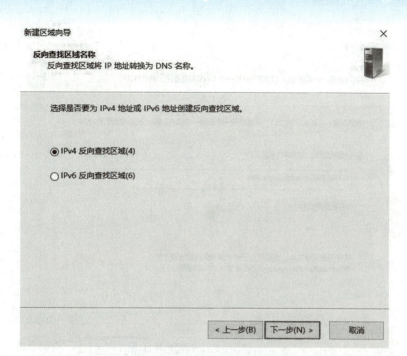

图2-8-23 选择反向查找区域

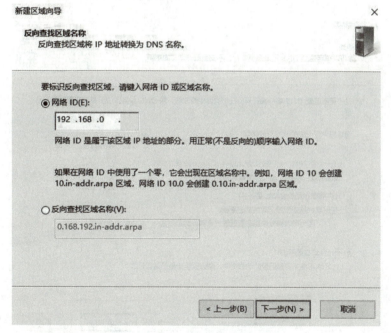

图2-8-24 设置反向查找区域

(14)选择"创建新文件,文件名为"选项,系统会自动生成文件名,完成后单击"下一步"按钮,如图2-8-25所示。

(15)选择"不允许动态更新"选项,完成后单击"下一步"按钮,如图2-8-26所示。

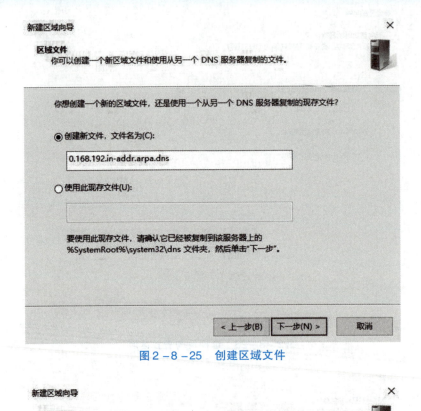

图 2-8-25 创建区域文件

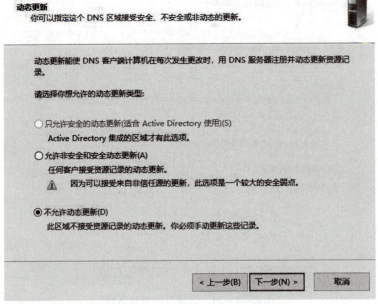

图 2-8-26 设置动态更新

（16）确认新建区域信息无误后，单击"完成"按钮，如图 2-8-27 所示。

（17）回到"DNS 管理器"窗口，单击"正向查找区域"，再用鼠标右键单击刚刚新建的区域名称，最后选择"新建主机（A 或 AAAA）"选项，如图 2-8-28 所示。

项目2　Windows Server 2019操作系统部署

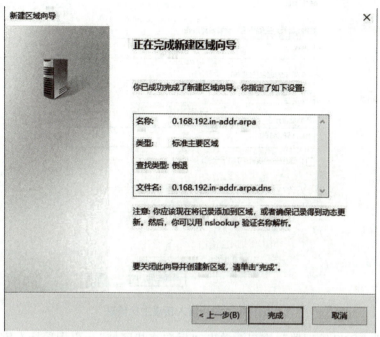

图2-8-27　确认新建区域信息

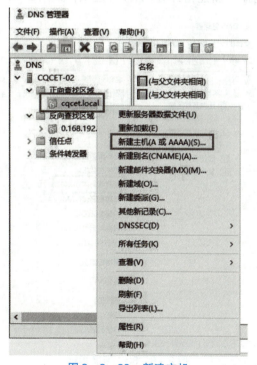

图2-8-28　新建主机

（18）输入新建主机名称，本任务中输入"www"，IP地址为安装DNS服务器第（1）步设置的地址信息，如图2-8-29所示，输入完成后单击"添加主机"按钮。

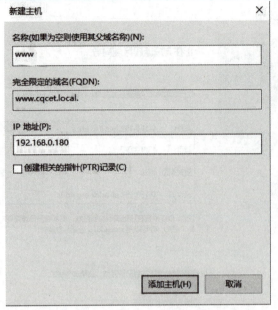

图2-8-29 输入新建主机信息

（19）回到"DNS 管理器"窗口，单击"反向查找区域"，再用鼠标右键单击刚刚新建的反向区域名称，然后选择"新建指针（PTR）"选项，如图 2-8-30 所示。

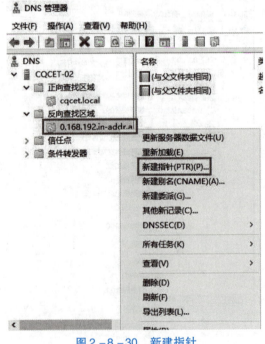

图2-8-30 新建指针

（20）输入本机 IP 地址，再单击"浏览"按钮，如图 2-8-31 所示。

（21）双击计算机名称，如图 2-8-32 所示。

（22）双击"正向查找区域"，如图 2-8-33 所示。

项目2 Windows Server 2019操作系统部署

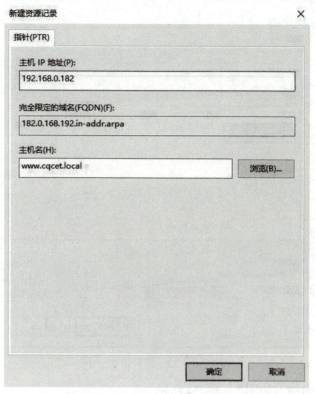

图2-8-31 指针设置（1）

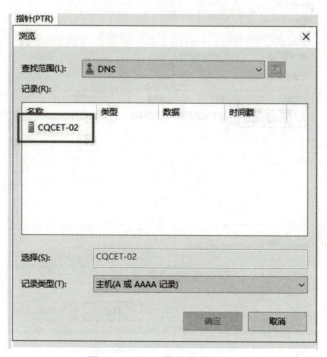

图2-8-32 指针设置（2）

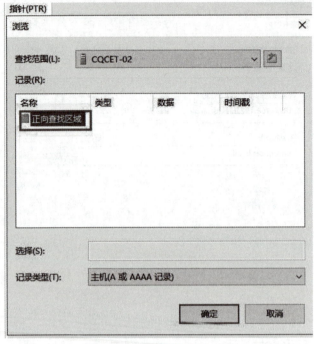

图2-8-33 指针设置（3）

（23）双击区域名称，如图2-8-34所示。

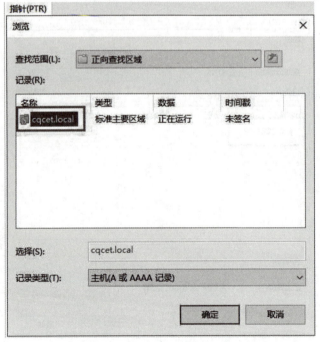

图2-8-34 指针设置（4）

（24）双击主机名称，如图2-8-35所示，然后单击"确定"按钮。

图 2-8-35 指针设置（5）

（25）完成主机名选择后，系统会自动生成主机名称，如图 2-8-36 所示，最后单击"确定"按钮。

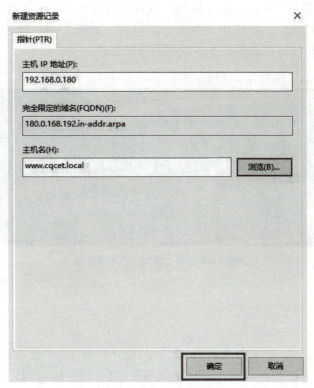

图 2-8-36 完成指针设置

3. 测试 Windows Server 2019 网络操作系统 DNS 服务器

（1）重新新建一台虚拟机系统或使用物理机进行测试，并修改测试机的 DNS 地址为刚刚新建的 DNS 服务器的 IP 地址，如图 2－8－37 所示。

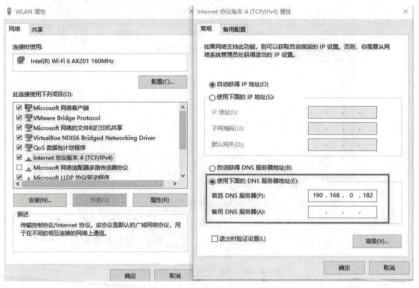

图 2－8－37　修改测试机 DNS 地址

（2）打开测试机命令提示符窗口，输入测试命令"nslookup www. cqcet. local"，完成后按 Enter 键，系统会提示"www. cqcet. loacl"域名指向的 IP 地址。若要反向查询，可以输入"nslookup 192. 168. 0. 182"，查看 IP 地址对应的域名，如图 2－8－38 所示。注：nslookup 命令后面的域名和 IP 地址都是之前任务中设置的信息名称。

图 2－8－38　测试 DNS 服务器

六、知识拓展

nslookup 命令：

nslookup 是一种网络管理命令行工具，可用于查询 DNS 域名和 IP 地址对应记录。nslookup 命令可以指定查询的类型，可以查到 DNS 记录的生存时间，还可以指定使用哪个 DNS 服务器进行解释。该命令的格式是"nslookup ［－opt］ server/host"，其中－opt 是参数，

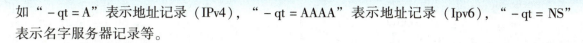

如"- qt = A"表示地址记录（IPv4），"- qt = AAAA"表示地址记录（Ipv6），"- qt = NS"表示名字服务器记录等。

七、课后习题

1. 填空题

（1）DNS 使用 TCP 和 UDP 端口（　　　　）。

（2）DNS 服务器可以提供（　　　　）。

（3）DNS 服务器有 3 种类型：（　　　　）、（　　　　）、（　　　　）。

（4）nslookup 是一种网络管理命令行工具，可用于查询（　　　　）和（　　　　）对应记录。

（5）辅 DNS 服务器一般用于主 DNS 服务器的（　　　　）。

2. 判断题

（1）DNS 服务器的信息以资源记录的形式进行存储。　　　　　　　　　　（　　）

（2）域名解析就是域名到 IP 地址的转换过程。　　　　　　　　　　　　　（　　）

（3）IP 地址是网络上标识站点的数字地址，为了方便记忆，采用域名代替 IP 地址标识站点地址。　　　　　　　　　　　　　　　　　　　　　　　　　　　　　　（　　）

（4）用户访问一个网站的时候，既可以输入该网站的 IP 地址，也可以输入其域名。
　　　　　　　　　　　　　　　　　　　　　　　　　　　　　　　　　　（　　）

（5）DNS 是互联网的一项服务。　　　　　　　　　　　　　　　　　　　（　　）

3. 简答题

请简述安装 Windows Server 2019 网络操作系统 DNS 服务器的基本步骤。

项目 2 – 任务 8 质量自检/交付验收表

专业：_____   班级：_____   小组：_____   姓名：_____

八、质量自检

质量自检见表 2 – 8 – 1。

表 2 – 8 – 1 质量自检

序号	名称	完成情况		备注
1	虚拟机正常运行	□是	□否	
2	网络操作系统正常运行	□是	□否	
3	正确安装 DNS 服务器	□是	□否	
4	正确配置 DNS 服务器	□是	□否	
5	nslookup 测试正常	□是	□否	
6	清理软件安装包	□是	□否	
7	整理器材与设备	□是	□否	

九、交付验收

验收明细见表 2 – 8 – 2。

表 2 – 8 – 2 验收明细

验收项目	验收内容	验收情况
功能/性能	DNS 域名设置为"姓名.com"，姓名为拼音	
	单独搭建一台虚拟机操作系统	
功能/性能	测试机与 DNS 服务器 ping 测试成功	
	测试机与 DNS 服务器 nslookup 测试成功	
用户手册	DNS 服务器安装手册	
	DNS 服务器配置手册	
	DNS 服务器测试手册	
验收人：		确认人：

2.9 任务9　Windows Server 2019 网络操作系统 DHCP 服务器安装与配置

一、任务情境描述

DHCP（Dynamic Host Configuration Protocol，动态主机配置协议）通常被应用在大型的局域网络环境中，主要作用是集中的管理、分配 IP 地址，使网络环境中的主机动态地获得 IP 地址、Gateway 地址、DNS 服务器地址等信息，并能够提升地址的使用率。某公司想通过服务器管理局域网中 IP 地址，需要完成 DHCP 服务器的安装与配置工作。

二、能力目标

（1）能了解 DHCP 的基本功能。
（2）能掌握 DHCP 服务器的安装方式。
（3）能掌握 DHCP 服务器的配置步骤。

Windows Server 2019 操作系统 DHCP 服务器安装与配置

三、知识准备

1. 认识 DHCP 技术

DHCP 通常被应用在大型的局域网络环境中，主要作用是集中的管理、分配 IP 地址，使网络环境中的主机动态的获得 IP 地址、Gateway 地址、DNS 服务器地址等信息，并能够提升地址的使用率。DHCP 采用客户端/服务器模型，主机地址的动态分配任务由网络主机驱动。DHCP 服务器只有在接收到网络主机申请地址的信息时，才会向网络主机发送相关的地址配置等信息，以实现网络主机地址信息的动态配置。

2. DHCP 服务器的功能

两台连接到互联网上的计算机相互通信，必须有各自的 IP 地址，由于 IP 地址资源有限，宽带接入运营商不能给每个报装宽带的用户都分配一个固定的 IP 地址（所谓固定的 IP 地址就是即使在不上网的时候，别人也不能用这个 IP 地址，这个资源一直被独占），所以要采用 DHCP 方式对上网的用户进行临时的 IP 地址分配。也就是只有计算机连网，DHCP 服务器才从地址池里临时分配一个 IP 地址，每次上网分配的 IP 地址可能会不一样，这跟当时的 IP 地址资源有关。当计算机下线的时候，DHCP 服务器就会把这个 IP 地址分配给之后上线的其他计算机。这样就可以有效节约 IP 地址，既保证了网络通信，又提高了 IP 地址的使用率。

在一个使用 TCP/IP 的网络中，每台计算机都必须至少有一个 IP 地址，才能与其他计算机通信。为了便于统一规划和管理网络中的 IP 地址，DHCP 应运而生。这种网络服务有利于对校园网络中的客户机 IP 地址进行有效管理，而不需要逐个手动指定 IP 地址。

DHCP 用一台或一组 DHCP 服务器来管理网络参数的分配，这种方案具有容错性。即使在一个仅拥有少量计算机的网络中，DHCP 仍然是有用的，因为一台计算机可以几乎不造成任何影响地被增加到本地网络中。甚至对于那些很少改变 IP 地址的服务器来说，DHCP 仍然被建议用来设置它们的 IP 地址。如果服务器需要被重新分配 IP 地址，就可以在尽可能少的地方去做这些改动。对于一些设备，如路由器和防火墙，则不应使用 DHCP。把 TFTP 或 SSH 服务器放在同一台运行 DHCP 的机器上也是有用的，目的是集中管理。DHCP 也可用于直接为服务器和桌面计算机分配 IP 地址，并且通过一个 PPP 代理，也可为拨号及宽带主机以及住宅 NAT 网关和路由器分配 IP 地址。DHCP 一般不适用于无边际路由器和 DNS 服务器。

3. DHCP 的工作原理

　　DHCP 采用 UDP 作为传输协议，主机发送请求消息到 DHCP 服务器的 67 号端口，DHCP 服务器回应应答消息给主机的 68 号端口。DHCP 客户端以广播的方式发出 DHCP Discover 报文，所有的 DHCP 服务器都能够接收和响应 DHCP 客户端发送的 DHCP Discover 报文。DHCP Offer 报文中"Your（Client）IP Address"字段就是 DHCP 服务器能够提供给DHCP客户端使用的 IP 地址，且 DHCP 服务器会将自己的 IP 地址放在"option"字段中以便 DHCP 客户端区分不同的 DHCP 服务器。DHCP 客户端会发出一个广播的 DHCP Request 报文，在选项字段中会加入选中的 DHCP 服务器的 IP 地址和需要的 IP 地址。当 DHCP 服务器收到 DHCP Request 报文后，判断选项字段中的 IP 地址是否与自己的地址相同。如果不相同，DHCP 服务器不做任何处理，只清除相应 IP 地址分配记录；如果相同，DHCP 服务器就会向 DHCP 客户端响应一个 DHCP ACK 报文，并在选项字段中增加 IP 地址的使用租期信息。DHCP 客户端接收到 DHCP ACK 报文后，检查 DHCP 服务器分配的 IP 地址是否能够使用。如果可以使用，则 DHCP 客户端成功获得 IP 地址并根据 IP 地址使用租期自动启动续延过程；如果 DHCP 客户端发现分配的 IP 地址已经被使用，则 DHCP 客户端向 DHCP 服务器发出 DHCP Decline 报文，通知 DHCP 服务器禁用这个 IP 地址，然后 DHCP 客户端开始新的地址申请过程。DHCP 客户端在成功获取 IP 地址后，随时可以通过发送 DHCP Release 报文释放自己的 IP 地址，DHCP 服务器收到 DHCP Release 报文后，会回收相应的 IP 地址并重新分配。

四、制定工作计划

五、任务实施

1. 安装 DHCP 服务器

　　（1）配置服务器 IP 地址为静态 IP 地址，如图 2-9-1 所示，本任务中设置的 IP 地址为 C 类的私有地址。

项目2　Windows Server 2019操作系统部署

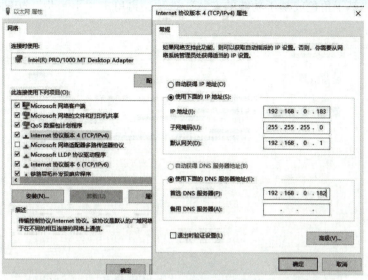

图2-9-1　设置静态IP地址

（2）进入"服务器管理器"，如图2-9-2所示，选择"管理"→"添加角色和功能"选项。

图2-9-2　"服务器管理器"界面

（3）进入添加角色和功能向导后，单击"下一步"按钮，如图2-9-3所示。

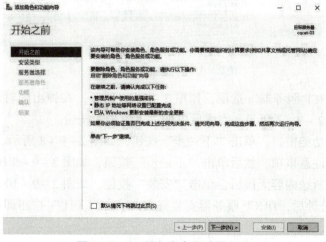

图2-9-3　添加角色和功能向导

165

(4)选择"基于角色或基于功能的安装"选项,再单击"下一步"按钮,如图2-9-4所示。

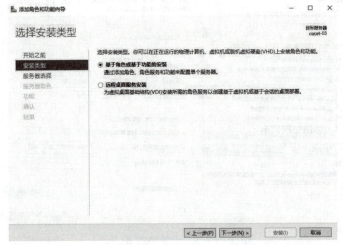

图2-9-4 选择安装类型

(5)选择"从服务器池中选择服务器"选项,在服务器池中选中本机信息,如图2-9-5所示,完成后单击"下一步"按钮。

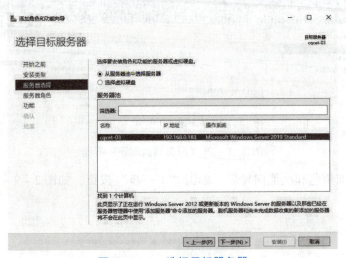

图2-9-5 选择目标服务器

(6)选择"DHCP服务器"选项,如图2-9-6所示,在弹出的对话框中单击"添加功能"按钮,如图2-9-7所示。完成后单击"下一步"按钮。

(7)进入选择功能窗口,单击"下一步"按钮,如图2-9-8所示。

(8)查看安装注意事项,然后单击"下一步"按钮,如图2-9-9所示。

(9)确认安装所选内容无误后,单击"安装"按钮,如图2-9-10所示。

(10)等待几分钟后,DHCP服务器安装完成,单击"关闭"按钮即可,如图2-9-11所示。

项目2　Windows Server 2019操作系统部署

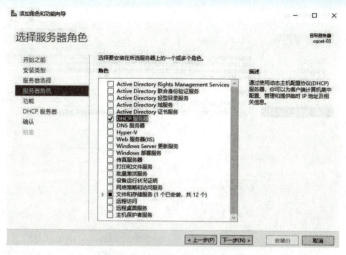

图 2-9-6　选择服务器角色

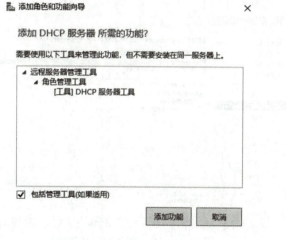

图 2-9-7　添加功能选项

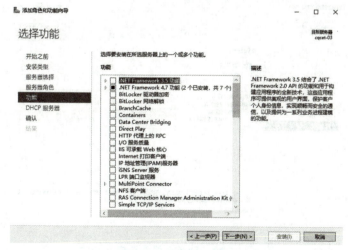

图 2-9-8　选择功能

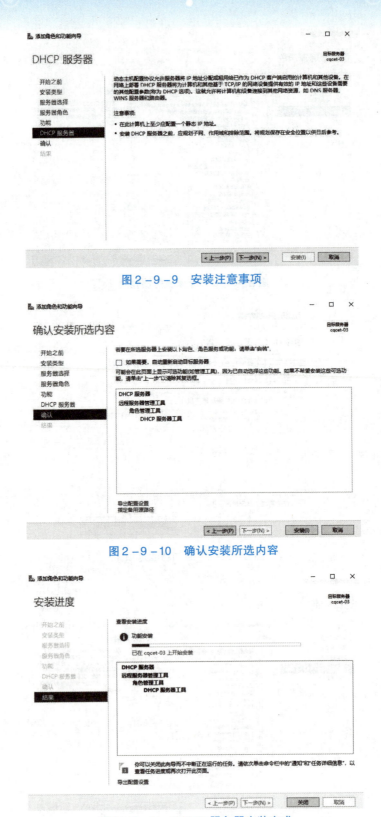

图 2-9-9 安装注意事项

图 2-9-10 确认安装所选内容

图 2-9-11 DHCP 服务器安装完成

2. 配置 DHCP 服务器

(1) 进入"服务器管理器",如图 2-9-12 所示,选择"工具"→"DHCP"选项。若未出现"DHCP"选项,需重新安装 DHCP 服务器。

图 2-9-12 "服务器管理器"界面

(2) 单击左边本机名称后,再用鼠标右键单击"IPv4",在弹出的子菜单中选择"新建作用域"选项,如图 2-9-13 所示。

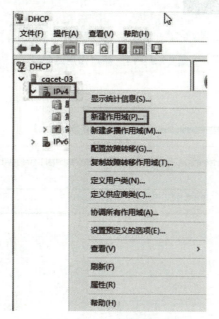

图 2-9-13 新建作用域

(3) 进入新建作用域向导,单击"下一步"按钮,如图 2-9-14 所示。

(4) 输入作用域名称,完成后单击"下一步"按钮,如图 2-9-15 所示。

(5) 输入 DHCP 服务器需要分配出去的 IP 地址范围,如图 2-9-16 所示。注:所分配的 IP 地址范围以及子网掩码需和本机设置的 IP 地址对应。

(6) 根据应用需要可设置排除分配的 IP 地址,如图 2-9-17 所示。

(7) 分配 IP 地址租用期限,默认为 8 天,如图 2-9-18 所示。设置完成后单击"下一步"按钮。

(8) 配置 DHCP 选项,选择"是,我想现在配置这些选项"选项,然后单击"下一步"按钮,如图 2-9-19 所示。

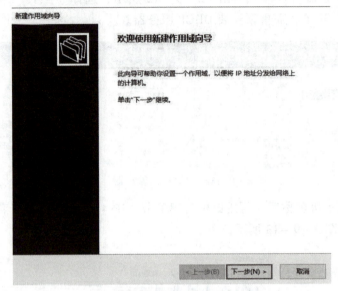

图2-9-14 新建作用域向导

图2-9-15 输入作用域名称

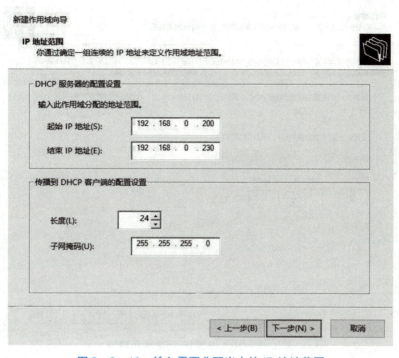

图2-9-16 输入需要分配出去的IP地址范围

图2-9-17 设置排除分配的IP地址范围

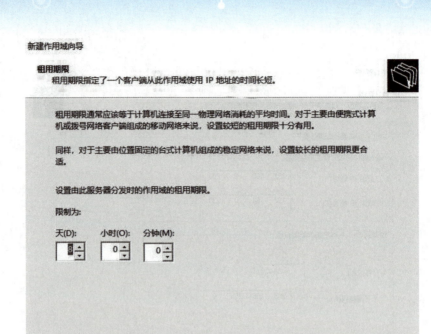

图 2-9-18 设置 IP 地址租用期限

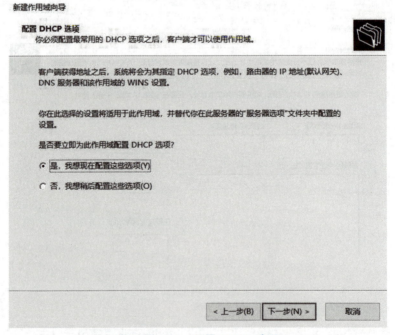

图 2-9-19 配置 DHCP 选项

（9）设置默认网关，本任务设置网关为 192.168.0.1，如图 2-9-20 所示。注：可以根据所在的网络查看网关的具体 IP 地址，若局域网中无网关可用，本机 IP 地址也可作为网关的 IP 地址。

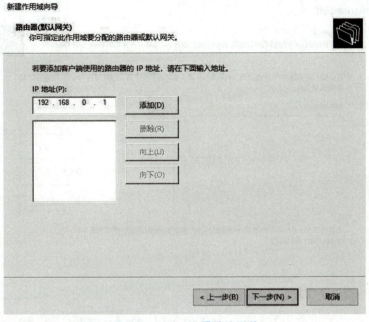

图2-9-20 设置默认网关

（10）若网络中有 DNS 服务器，可以添加域名或 DNS 服务器 IP 地址，如图 2-9-21 所示。

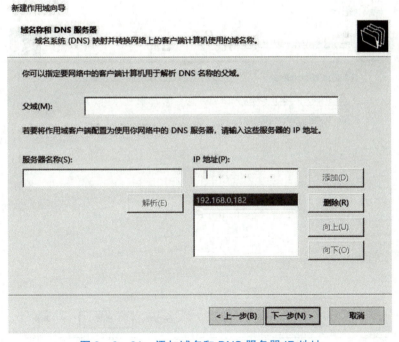

图 2-9-21 添加域名和 DNS 服务器 IP 地址

（11）添加 WINS 服务器，如图 2-9-22 所示。本任务中未使用 WINS 服务器，可直接单击"下一步"按钮。

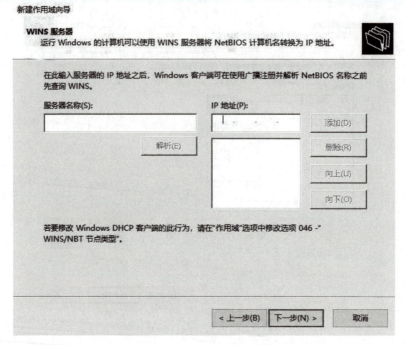

图 2-9-22　添加 WINS 服务器

（12）选择"是，我想现在激活此作用域"选项进行激活操作，如图 2-9-23 所示。

图 2-9-23　激活作用域

（13）单击"完成"按钮，完成 DHCP 服务器配置，如图 2-9-24 所示。

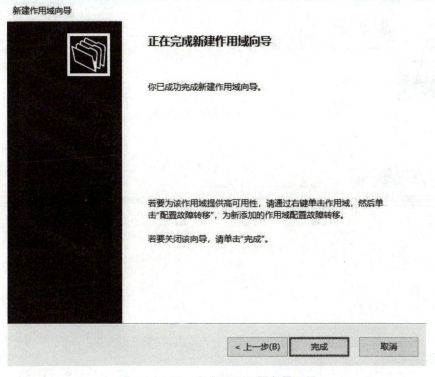

图 2-9-24　完成 DHCP 服务器配置

3. 测试 DHCP 服务器

（1）通过虚拟机新建并安装一套操作系统，然后选择刚安装好的虚拟机名称单击鼠标右键，选择"设置"选项，在"设置"窗口中选择"网络"选项，最后把"连接方式"改为"仅主机网络"模式，如图 2-9-25 所示。注：本任务采用 Oracle VM VirtualBox 虚拟机，需要重新安装一套系统，而不是改变 DHCP 服务器的虚拟机配置。

图 2-9-25　配置虚拟机

（2）选择虚拟机左上角的"管理"菜单，选择"主机网络管理"选项，在弹出的子菜单中去掉"DHCP 服务器启动"，如图 2-9-26 所示。

（3）在"主机网络管理器"窗口下方选择"自动配置网卡"选项，如图 2-9-27 所示。

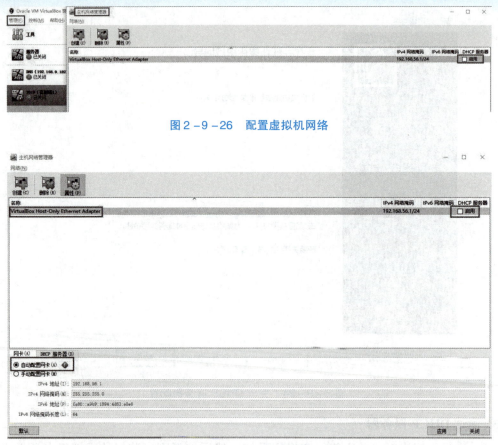

图2-9-26　配置虚拟机网络

图2-9-27　选择网卡模式

（4）进入测试的虚拟机系统，开打网络适配器，在"以太网 属性"对话框中选择"Internet 协议版本4（TCP/IPv4）"选项，在弹出的对话框中设置自动获取 IP 地址和 DNS 服务器地址，如图2-9-28所示。注：网络地址配置可参考前面的任务。

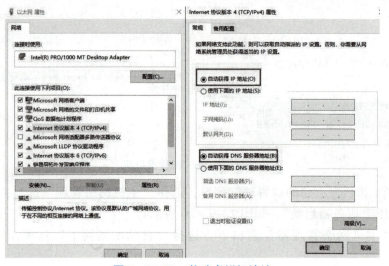

图2-9-28　修改虚拟机地址

（5）等待几秒后，测试机 IP 地址自动获取刚刚新建的 DHCP 服务器配置地址，如图 2-9-29 所示。在 DHCP 服务器的"地址池"也能查看测试机的 IP 地址信息，如图 2-9-30 所示。

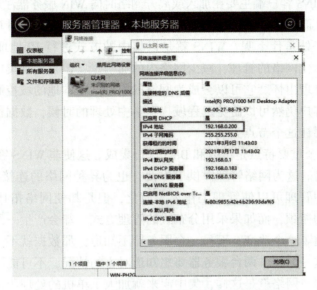

图 2-9-29　测试机自动获取到的 IP 地址信息

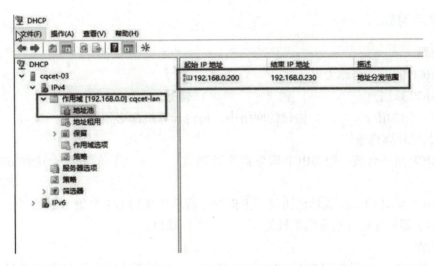

图 2-9-30　DHCP 服务器地址池信息

六、知识拓展

WINS 系统

WINS 是 Windows Internet Name Server（Windows 网际名字服务）的简称，是微软公司开发的域名服务系统。WINS 为 NetBIOS 名字提供名字注册、更新、释放和转换服务，这些服务允许 WINS 服务器维护一个将 NetBIOS 名链接到 IP 地址的动态数据库，大大减轻了网络交通的负担。

WINS 基于客户服务器模型，它有两个重要的部分：WINS 服务器和 WINS 客户端。WINS 服务器主要负责处理由 WINS 客户端发来名字和 IP 地址的注册和解除注册信息。如果 WINS 客户端进行查询，WINS 服务器会返回当前查询名下的 IP 地址。WINS 服务器还负责对数据库进行备份。WINS 客户端主要在加入或离开网络时向 WIN 服务器注册自己的名字或解除注册。当然，在进行通信时它也向 WINS 服务器进行查询，以确定远程计算机的 IP 地址。

使用 WINS 的好处是什么呢？WINS 就是以集中的方式进行 IP 地址和计算机名称的映射，这种方式可以简化网络的管理，减少网络内的通信量，但是这种集中式的管理方式可以和星形结构相比，有理由怀疑它可以会成为网络的瓶颈。在本地的域控制器不在路由器管理网段的另一段时，客户仍然可以游览远程域，在集中处理的时候，数据都会集中在这个服务器中，一定注意不要让这个节点失败。

WINS 的另外一个重要特点是可以和 DNS 进行集成。这使非 WINS 客户通过 DNS 服务器解析获得 NetBIOS 名。这为网络管理提供了方便，也为异种网络的连接提供了另一种手段。可以看到，使用集中管理可以使管理工作大大简化，但是却使网络拓扑结构出现了中心结点，这是一个隐性的瓶颈，而如果采用分布式的管理方式，却会产生一致性的问题，也就是如果一个服务器知道了这个改变，而另一个服务器不知道，那数据就不一致，这时要用一些复杂的算法来解决这一问题，两台服务器要想知道对方的情况，不可能不进行通信，这在无形中加重了网络负担。网络就是这样，集中起来就加大了单机的处理压力，而分布就增加了网络传输量，天下没有十全十美的事情。

七、课后习题

1. 填空题

（1）DHCP 的中文全称为（　　　　）协议。

（2）DHCP 采用（　　　）和（　　　　）模型。

（3）在一个使用（　　　）协议的网络中，每台计算机都必须至少有一个（　　　）地址，才能与其他计算机通信。

（4）DHCP 用一台或一组 DHCP 服务器来管理（　　　　）的分配，这种方案具有容错性。

（5）DHCP 采用 UDP 作为传输协议，主机发送请求消息到 DHCP 服务器的（　　　）端口，DHCP 服务器回应应答消息给主机的（　　　）端口。

2. 判断题

（1）当 DHCP 服务器收到 DHCP Request 报文后，会判断选项字段中的 IP 地址是否与自己的 IP 地址相同。（　　　）

（2）DHCP 客户端收到 DHCP ACK 报文后，会检查 DHCP 服务器分配的 IP 地址是否能够使用。（　　　）

（3）WINS 是 Windows Internet Name Server 的简称，是微软公司开发的域名服务系统。（　　　）

（4）WINS 的另外一个重要特点是可以和 DNS 进行集成。（　　　）

（5）家庭用户一般通过小型路由器来集成 DHCP 服务功能。（　　　）

3. 简答题

(1) 请简述 DHCP 服务可以应用在哪些领域。

(2) 请简述搭建 Windows Server 2019 DHCP 服务器的步骤。

项目 2 – 任务 9 质量自检/交付验收表

专业：_____   班级：_____   小组：_____   姓名：_____

八、质量自检

质量自检见表 2 – 9 – 1。

表 2 – 9 – 1 质量自检

序号	名称	完成情况	备注
1	虚拟机正常运行	□是　□否	
2	网络操作系统正常运行	□是　□否	
3	测试机操作系统正常运行	□是　□否	
4	DHCP 服务器静态 IP 地址修改	□是　□否	
5	DHCP 服务器安装配置完成	□是　□否	
6	测试机 IP 地址分配成功	□是　□否	
7	整理器材与设备	□是　□否	

九、交付验收

验收明细见表 2 – 9 – 2。

表 2 – 9 – 2 验收明细

验收项目	验收内容	验收情况
功能/性能	完成 DHCP 服务器安装与配置	
	完成 1 台以上测试机操作系统安装	
	DHCP 服务器设置划分 IP 地址 20 个	
用户手册	DHCP 服务器 IP 地址配置手册	
	DHCP 服务器安装配置手册	
	DHCP 服务器 IP 地址划分手册	

验收人：　　　　　　　　　　　　　　　　　　确认人：

2.10 任务 10　Windows Server 2019 网络操作系统活动目录搭建与终端用户接入

一、任务情境描述

目录服务在微软平台上从 Windows 2000 Server 开始引入，活动目录（Active Directory）是目录服务在微软平台上的一种实现方式。活动目录服务是 Windows 平台的核心组件，它为用户管理网络环境各个组成要素的标识和关系提供了一种有力的手段。某企业需要搭建活动目录服务，让终端用户接入活动目录服务进行统一管理和运维，企业运维工程师需完成活动目录服务器搭建与终端用户接入任务。

二、能力目标

（1）能了解活动目录基础知识。
（2）能掌握活动目录安装步骤。
（3）能掌握活动目录配置方法。
（4）能掌握终端用户连接活动目录的方法。

Windows Server 2019 操作系统活动目录搭建与终端用户接入

三、知识准备

1. 认识活动目录

活动目录是面向 Windows Standard Server、Windows Enterprise Server 以及 Windows Datacenter Server 的目录服务。目录服务在微软平台上从 Windows 2000 Server 开始引入，活动目录是目录服务在微软平台上的一种实现方式。活动目录服务是 Windows 平台的核心组件，它为用户管理网络环境各个组成要素的标识和关系提供了一种有力的手段。

2. 活动目录的主要功能

活动目录主要提供以下功能：

（1）服务器及客户端计算机管理：管理服务器及客户端计算机账户，将所有服务器及客户端计算机加入域管理并实施组策略。

（2）用户服务：管理用户域账户、用户信息、企业通信录（与电子邮件系统集成）、用户组、用户身份认证、用户授权等，实施组管理策略。

（3）资源管理：管理打印机、文件共享服务等网络资源。

（4）桌面配置：系统管理员可以集中设置各种桌面配置策略，如：用户使用域中资源权限限制、界面功能限制、应用程序执行特征限制、网络连接限制、安全配置限制等。

（5）应用系统支撑：支持财务、人事、电子邮件、企业信息门户、办公自动化、补丁管理、防病毒等各种应用系统。

3. 活动目录的结构

活动目录的逻辑结构包裹：域（Domain）、域树（Domain Tree）、林（Forest）和组织单元（Organization Unit）。

域是一种逻辑分组，准确地说是一种环境。域是安全的最小边界。域环境能对网络中的资源进行集中统一的管理，要想实现域环境，必须在计算机中安装活动目录。

域树是由一组具有连续命名空间的域组成的。域树内的所有域共享一个活动目录，这个活动目录内的数据分散地存储在各个域内，且每一个域只存储该域内的数据，如该域内的用户账户、计算机账户等。Windows Server 将存储在各个域内的对象总称为活动目录。

林是由一棵或多棵域树组成的，每棵域树独享连续的命名空间，不同域树之间没有命名空间的连续性。林中第一棵域树的根域也是整个林的根域，同时也是林的名称。

组织单元是一种容器，它可以包含对象（用户账户、计算机账户等），也可以包含其他组织单元。

4. 活动目录的安全性

目录对象的访问控制集成在活动目录之中。通过单点网络登录，管理员可以管理分散在网络各处的目录数据和组织单位，经过授权的网络用户可以访问网络中任意位置的资源。基于策略的管理则简化了网络的管理，即便是那些最复杂的网络也是如此。活动目录通过对象访问控制列表以及用户凭据，保护其存储的用户帐户和组信息。例如，在用户登录网络的时候，安全系统首先利用存储在活动目录中的信息验证用户的身份，然后在用户试图访问网络服务的时候，系统会检查在服务的自由访问控制列表中所定义的属性。活动目录允许管理员创建组帐户，使管理员可以更加有效地管理系统的安全性。例如，通过调整文件的属性，管理员能够允许某个组中的所有用户读取该文件。通过这种办法，系统将根据用户的组成员身份控制其对活动目录中对象的访问操作。

四、制定工作计划

五、任务实施

1. 安装 Windows Server 2019 网络操作系统活动目录

（1）设置活动目录服务器的静态 IP 地址，如图 2-10-1 所示。本任务活动目录服务器的 IP 地址设置为 C 类私有地址。注：设置活动目录服务器的 IP 地址时，建议使 DNS 服务器的 IP 地址和活动目录服务器的 IP 地址一致。

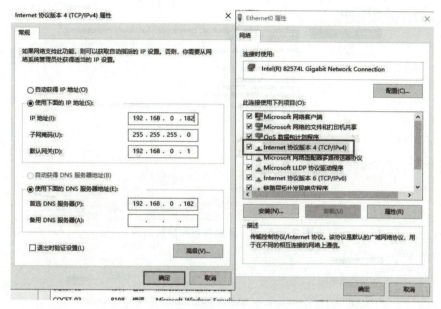

图 2-10-1　设置活动目录服务器的 IP 地址

（2）进入"服务器管理器"，选择"管理"→"添加角色和功能"选项，如图 2-10-2 所示。

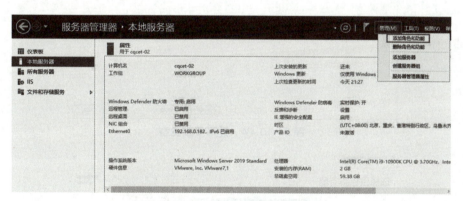

图 2-10-2　"服务器管理器"界面

（3）进入添加角色和功能向导，单击"下一步"按钮，如图 2-10-3 所示。

（4）选择"基于角色或基于功能的安装"选项，再单击"下一步"按钮，如图 2-10-4 所示。

（5）选择"从服务器池中选择服务器"选项，然后在服务器池中选中本机信息，最后单击"下一步"按钮，如图 2-10-5 所示。

（6）在"角色"列表框中选择"Active Directory 域服务"选项，如图 2-10-6 所示，在弹出的对话框中单击"添加功能"按钮，如图 2-10-7 所示。完成后单击"下一步"按钮。

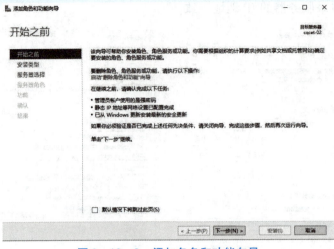

图2-10-3　添加角色和功能向导

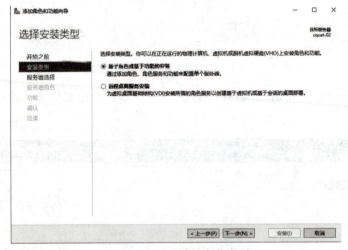

图2-10-4　选择安装类型

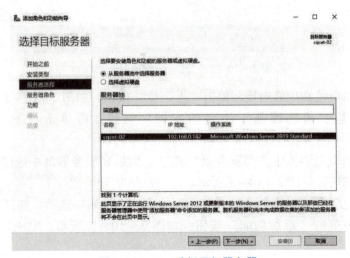

图2-10-5　选择目标服务器

项目2　Windows Server 2019操作系统部署

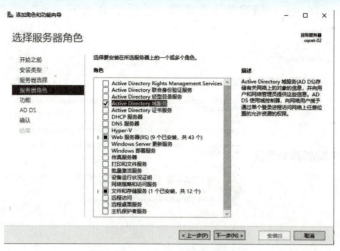

图2-10-6　选择服务器角色

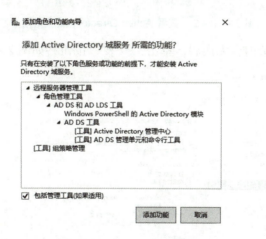

图2-10-7　添加功能对话框

（7）在"选择功能"窗口中单击"下一步"按钮，如图2-10-8所示。

图2-10-8　"选择功能"窗口

(8) 查看 Active Directory 域服务注意事项，然后单击"下一步"按钮，如图 2 – 10 – 9 所示。

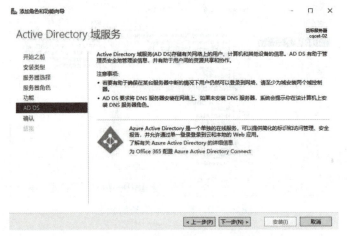

图 2 – 10 – 9　查看 Active Directory 域服务注意事项

(9) 确认安装所选内容无误后，单击"安装"按钮，如图 2 – 10 – 10 所示。

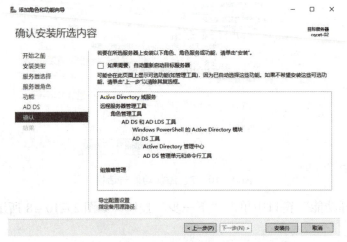

图 2 – 10 – 10　确认安装所选内容

(10) 等待几分钟后，系统提示安装成功，单击"关闭"按钮，如图 2 – 10 – 11 所示，活动目录的安装任务到此结束。

2. 配置 Windows Server 2019 网络操作系统活动目录

(1) 进入"服务器管理器"，单击右上角的黄色感叹号图标，在弹出菜单中选择"将此服务器提升为域控制器"选项，如图 2 – 10 – 12 所示。

(2) 选择"部署操作"→"添加新林"选项，设置根域名，如图 2 – 10 – 13 所示。注：此处设置的根域名是后续终端用户接入时输入的名称。

(3) 选择新林和根域的功能级别为 Windows Server 2016，再设置目录服务还原模式密码，如图 2 – 10 – 14 所示。

图2-10-11 活动目录安装完成

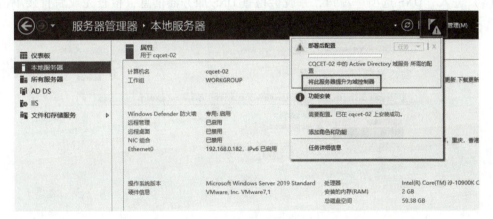

图2-10-12 配置活动目录

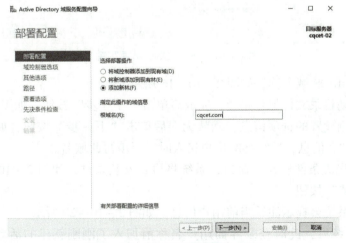

图2-10-13 "部署配置"窗口

图 2-10-14 "域控制器选项"窗口

（4）进入"DNS 选项"窗口，系统会检查 DNS 服务器信息，检查完成后直接单击"下一步"按钮，如图 2-10-15 所示。

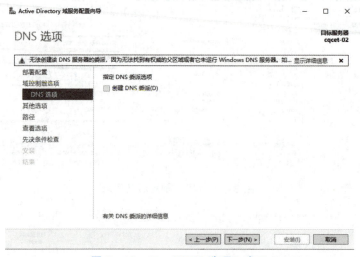

图 2-10-15 "DNS 选项"窗口

（5）设置 NetBIOS 域名称，如图 2-10-16 所示。

（6）设置活动目录文件保存路径，完成后单击"下一步"按钮，如图 2-10-17 所示。

（7）查看刚刚设置的选项信息，确认无误后单击"下一步"按钮，如图 2-10-18 所示。注：记住新域名信息，后续终端用户接入时需要填写此域名。

（8）进入"先决条件检查"窗口，系统将检查安装条件，如图 2-10-19 所示，检查完成后单击"安装"按钮。

（9）安装中系统会提示注销当前用户信息，如图 2-10-20 所示。

（10）重启系统后，此时登录界面用户名称前加入了刚刚新建的活动目录 NetBIOS 名称，然后输入登录密码完成活动目录的配置任务，如图 2-10-21 所示。

项目2　Windows Server 2019操作系统部署

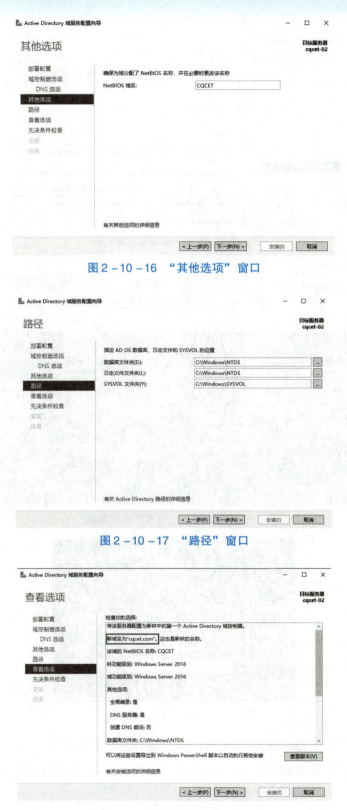

图2-10-16　"其他选项"窗口

图2-10-17　"路径"窗口

图2-10-18　"查看选项"窗口

图 2-10-19 "先决条件检查"窗口

图 2-10-20 注销当前用户信息

图 2-10-21 域用户登录界面

3. 终端用户接入 Windows Server 2019 网络操作系统活动目录

（1）进入"服务器管理器"，选择"工具"→"Active Directory 用户和计算机"选项，如图 2-10-22 所示。

项目2　Windows Server 2019操作系统部署

图 2-10-22　"服务器管理器"界面

（2）在"Active Directory 用户和计算机"窗口中单击左边新建的活动目录域名，再选择"Users"选项，在中间空白区域单击鼠标右键选择"新建"命令，在弹出子菜单中选择"用户"选项，如图 2-10-23 所示。

图 2-10-23　新建用户设置

（3）添加新建用户信息，如图 2-10-24 所示，此用户用于终端用户登录测试，完成后单击"下一步"按钮。

（4）填写用户登录密码，取消勾选下方密码设置选项，如图 2-10-25 所示，完成后单击"下一步"按钮。

（5）查看用户信息，确认无误后单击"完成"按钮，如图 2-10-26 所示。

（6）创建终端接入的虚拟机并安装网络操作系统，进入终端机"服务器管理器"，单击网卡信息，如图 2-10-27 所示。注：若终端机未使用网络操作系统，可以通过"更改网络适配器"选项修改地址。

（7）设置终端机 IP 地址为自动获取，DNS 服务器的 IP 地址为活动目录服务器的 IP 地址，如图 2-10-28 所示。

（8）进入"服务器管理器"，单击工作组名称，如图 2-10-29 所示。注：若终端机未使用网络操作系统，可用鼠标右键单击桌面上的"此电脑"图标，选择"属性"选项，在属性窗口中设置计算机工作组。

图 2-10-24 添加新建用户信息

图 2-10-25 添加用户登录密码

项目2 Windows Server 2019操作系统部署

图2-10-26 查看用户信息

图2-10-27 终端机"服务器管理器"

图2-10-28 设置终端机地址

图2-10-29 设置工作组

（9）进入"系统属性"对话框的"计算机名"选项卡，单击"更改"按钮，如图2-10-30所示。

（10）选择"隶属于"区域中的"域"选项，再输入活动目录域名，如图2-10-31所示。完成后单击"确定"按钮，系统将提示加入域成功，如图2-10-32所示。

图2-10-30 "系统属性"对话框

图2-10-31 设置域登录

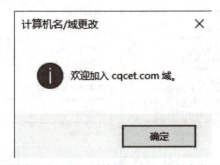

图2-10-32 系统提示加入域成功窗口

(11) 系统重启后在登录界面选择"其他用户"选项,再输入活动目录新建的用户名称和密码后单击登录按钮,如图 2-10-33 所示。

图 2-10-33　终端用户登录界面

(12) 回到活动目录服务器,在"Active Directory 用户和计算机"窗口选择左边的"Computers"选项可查看终端用户连接信息,如图 2-10-34 所示。

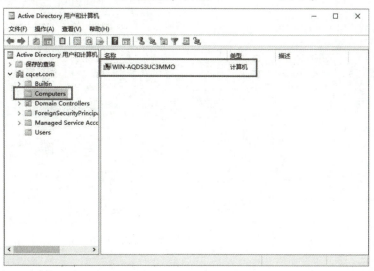

图 2-10-34　查看终端用户连接信息

六、课后习题

1. 填空题

(1) 活动目录是面向(　　　)、(　　　)以及 Windows Datacenter Server 的目录服务。

(2) 活动目录服务是(　　　)平台的核心组件,它为用户管理网络环境各个组成要素的标识和关系提供了一种有力的手段。

（3）活动目录的逻辑结构包括：（　　　　）、（　　　　）、（　　　　）和组织单元。

（4）域环境能对网络中的资源进行集中统一的管理，要想实现域环境，必须在计算机中安装（　　　　）。

2. 判断题

（1）域树是由一组具有连续命名空间的域组成的。　　　　　　　　　　（　　）

（2）林是由一棵或多棵域树组成的，每棵域树独享连续的命名空间，不同域树之间没有命名空间的连续性。　　　　　　　　　　　　　　　　　　　　　　　　（　　）

（3）目录对象的访问控制集成在活动目录之中。　　　　　　　　　　　（　　）

（4）活动目录允许管理员创建组帐户，使管理员可以更加有效地管理系统的安全性。
　　　　　　　　　　　　　　　　　　　　　　　　　　　　　　　　（　　）

3. 简答题

（1）简述活动目录的优势。

（2）简述 Windows Server 2019 域用户连接方式。

项目 2 – 任务 10　质量自检/交付验收表

专业：_____　　班级：_____　　小组：_____　　姓名：_____

七、质量自检

质量自检见表 2 – 10 – 1。

表 2 – 10 – 1　质量自检

序号	名称	完成情况	备注
1	虚拟机正常运行	□是　□否	
2	网络操作系统正常运行	□是　□否	
3	测试终端机正常运行	□是　□否	
4	测试终端机与服务器网络测试成功	□是　□否	
5	活动目录安装成功	□是　□否	
6	整理器材与设备	□是　□否	

八、交付验收

验收明细见表 2 – 10 – 2。

表 2 – 10 – 2　验收明细

验收项目	验收内容	验收情况
功能	新建域名"XX.com",注：XX 为姓名拼音	
	服务器创建终端接入的人事部门、业务部门两个组	
	服务器创建终端用户，每组包含 2 个用户	
	开启终端用户不能修改密码	
用户手册	活动目录安装配置手册	
	活动目录域名地址手册	
	终端用户接入活动目录服务器手册	
验收人：		确认人：

2.11 任务 11　Windows Server 2019 网络操作系统备份与还原

一、任务情境描述

企业服务器在日常使用中储存着各类重要数据，为了防止计算机故障造成的丢失及损坏，几乎每个周期都需要进行数据的备份管理。备份数据是从原文件中独立出来单独贮存的程序或文件副本，并在需要时将已经备份的文件还原。运维工程师需要完成对公司服务器的日常备份配置任务和部分文件定期还原任务。

二、能力目标

（1）能掌握 Windows Server 2019 网络操作系统备份配置方法。
（2）能掌握 Windows Server 2019 网络操作系统恢复步骤。

三、知识准备

Windows Server 2019 操作系统备份与还原

1. 认识数据备份

数据备份是容灾的基础，是指为防止系统出现操作失误或故障导致数据丢失，而将全部或部分数据集合从应用主机的硬盘或阵列复制到其他存储介质的过程。传统的数据备份主要采用内置或外置的磁带机进行冷备份。但是这种方式只能防止操作失误等人为故障，而且恢复时间也很长。随着技术的不断发展和数据的海量增加，不少企业开始采用网络备份。网络备份一般通过专业的数据存储管理软件结合相应的硬件和存储设备来实现。

2. 数据备份的常见方式

1）定期磁带

此种方式主要使用远程磁带库、光盘库进行数据备份，即将数据传送到远程备份中心，制作完整的备份磁带或光盘。远程关键数据采用磁带备份，生产机实时向备份机发送关键数据。

2）数据库

此种方式主要指主数据库所在生产机向分离的备份机上建立主数据库的一个数据映射备份。

3）网络数据

此种方式是对生产系统的数据库数据和所需跟踪的重要目标文件的更新进行监控与跟踪，并将更新日志实时通过网络传送到备份系统，备份系统则根据日志对磁盘进行更新。

4）远程镜像

此种方式是通过高速光纤通道线路和磁盘控制技术将镜像磁盘延伸到远离生产机的地方，镜像磁盘数据与主磁盘数据完全一致，更新方式为同步或异步。

数据备份必须要考虑到数据恢复的问题，包括采用双机热备、磁盘镜像或容错、备份磁带异地存放、关键部件冗余等多种灾难预防措施。这些措施能够在系统发生故障后进行系统恢复，但是这些措施一般只能处理计算机单点故障，对区域性、毁灭性灾难则束手无策，也不具备灾难恢复能力。

四、制定工作计划

五、任务实施

1. 安装 Windows Server 2019 网络操作系统备份服务

（1）本任务使用 Oracle VM VirtualBox 虚拟机，单击虚拟机"设置"按钮，选择"存储"选项，再点击"添加虚拟硬盘"按钮，如图 2-11-1 所示。

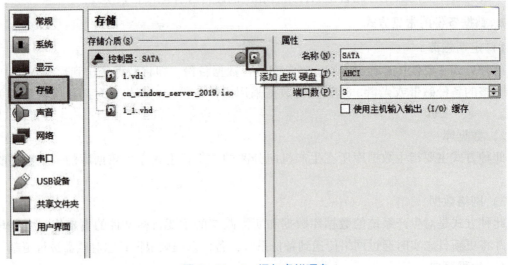

图 2-11-1 添加虚拟硬盘

（2）单击"创建"按钮，选择"VHD（虚拟硬盘）"选项，如图 2-11-2 所示。

（3）选择"动态分配"选项，再单击"下一步"按钮，如图 2-11-3 所示。

（4）设置磁盘划分空间，完成后单击"创建"按钮，如图 2-11-4 所示。

项目2　Windows Server 2019操作系统部署

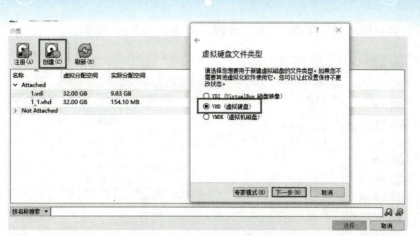

图2-11-2　选择虚拟硬盘类型

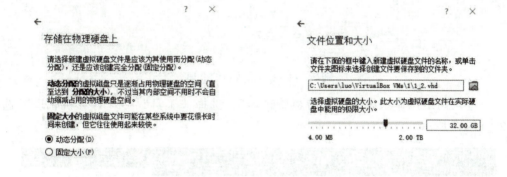

图2-11-3　选择存储硬盘类型　　　　图2-11-4　设置磁盘位置和大小

（5）选中刚刚新建的磁盘，再单击"选择"按钮，如图2-11-5所示。

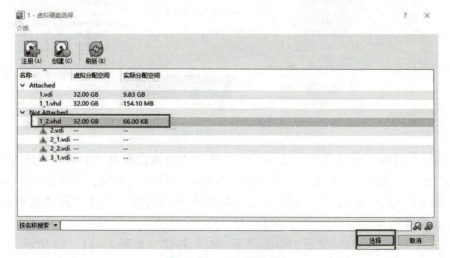

图2-11-5　选择磁盘

(6) 完成磁盘添加后,单击"OK"按钮,如图 2-11-6 所示。

图 2-11-6　添加存储介质

(7) 进入网络操作系统的"服务器管理器",选择"工具"→"计算机管理"选项,如图 2-11-7 所示。

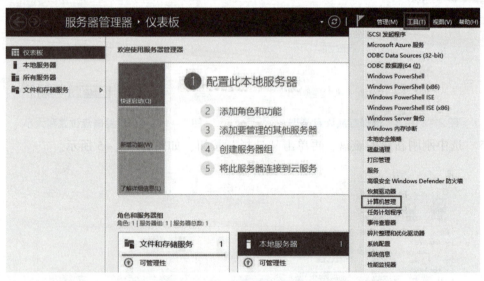

图 2-11-7　"服务器管理器"界面

(8) 选择左边的"磁盘管理"选项,此时弹出"初始化磁盘"对话框,选择在"为所选择磁盘使用以下磁盘分区形式"下的选项,再单击"确定"按钮,如图 2-11-8 所示。

(9) 选择下方的"磁盘 1",在未分配区域单击鼠标右键,选择"新建简单卷"选项,如图 2-11-9 所示。

(10) 进入新建简单卷向导后,单击"下一步"按钮,如图 2-11-10 所示。

项目2　Windows Server 2019操作系统部署

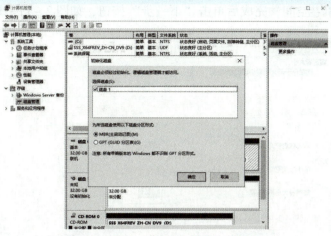

图2-11-8　"初始化磁盘"对话框

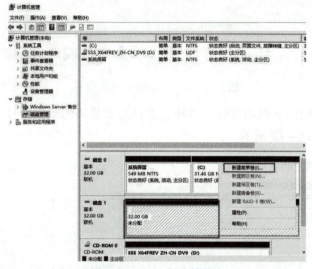

图2-11-9　新建简单卷

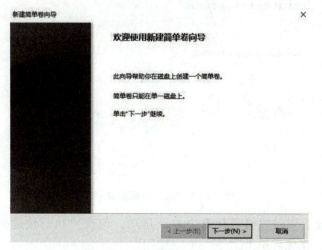

图2-11-10　新建简单卷向导

(11)划分简单卷空间,完成后单击"下一步"按钮,如图 2-11-11 所示。

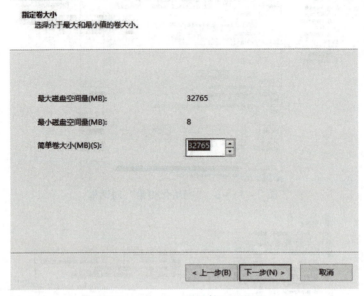

图 2-11-11　划分简单卷空间

(12)选择"分配以下驱动器号"选项,选择需要使用的驱动器号,完成后单击"下一步"按钮,如图 2-11-12 所示。

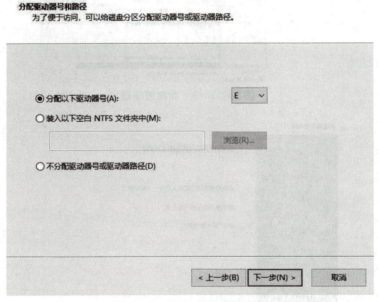

图 2-11-12　分配驱动器号

(13)选择"按下列设置格式化这个卷"选项,勾选"执行快速格式化"复选框,如图 2-11-13 所示,完成后单击"下一步"按钮。

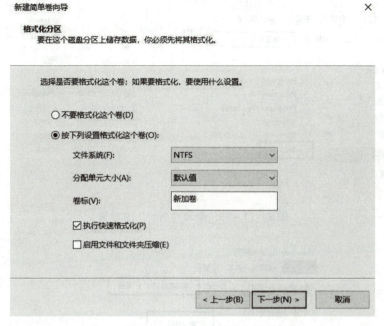

图 2-11-13 格式化分区

（14）查看各个配置的磁盘选项，确认无误后单击"完成"按钮，如图 2-11-14 所示。

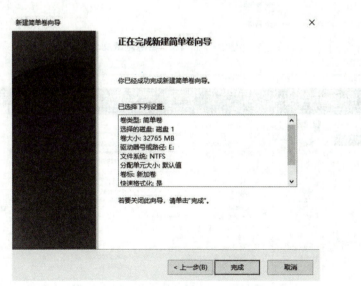

图 2-11-14 完成新建简单卷向导

（15）进入 C 盘新建"备份"文件夹，如图 2-11-15 所示。

（16）进入"备份"文件夹新建记事本并命名为"备份测试"，如图 2-11-16 所示。

（17）进入"服务器管理器"，选择"管理"→"添加角色和功能"选项，如图 2-11-17 所示。

图 2-11-15 新建"备份"文件夹

图 2-11-16 新建测试文件

图 2-11-17 "服务器管理器"界面

（18）进入添加角色和功能向导，单击"下一步"按钮，如图 2-11-18 所示。

（19）选择"基于角色或基于功能的安装"选项，完成后单击"下一步"按钮，如图 2-11-19 所示。

项目2 Windows Server 2019操作系统部署

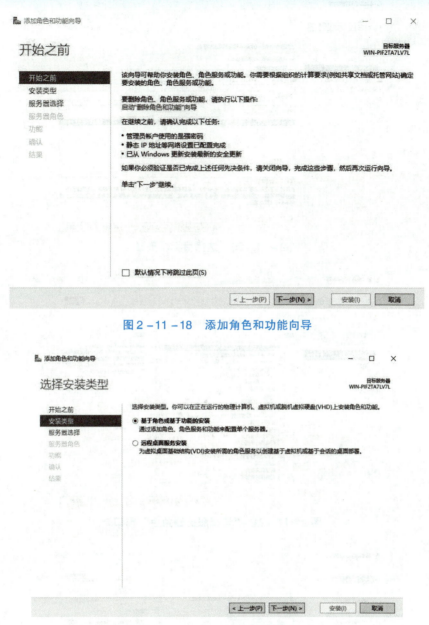

图2-11-18 添加角色和功能向导

图2-11-19 选择安装类型

（20）选择"从服务器池中选择服务器"选项，再选择服务器池中的本机信息，最后单击"下一步"按钮，如图2-11-20所示。

（21）在"选择服务器角色"窗口中直接单击"下一步"按钮，如图2-11-21所示。

（22）进入"选择功能"窗口，选择"Windows Server 备份"选项，如图2-11-22所示。

（23）确认安装所选内容无误后，单击"安装"按钮开始安装服务，如图2-11-23所示。等待几分钟后安装完毕，单击"关闭"按钮，如图2-11-24所示，到此备份服务安装完成。

209

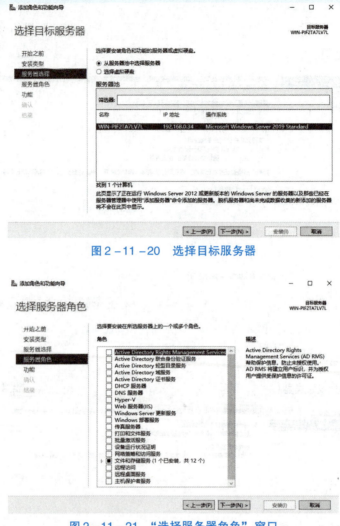

图2-11-20 选择目标服务器

图2-11-21 "选择服务器角色"窗口

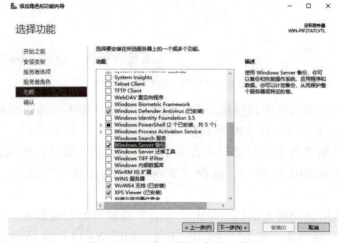

图2-11-22 "选择功能"窗口

项目2　Windows Server 2019操作系统部署

图 2-11-23　确认安装所选内容

图 2-11-24　备份服务安装完成

2. 配置 Windows Server 2019 网络操作系统备份服务

（1）进入"服务器管理器"，选择"工具"→"Windows Server 备份"选项，如图 2-11-25 所示。

图 2-11-25　"服务器管理器"界面

211

(2) 选择左边的"本地备份"选项,再单击右边的"备份计划"按钮,如图 2-11-26 所示。

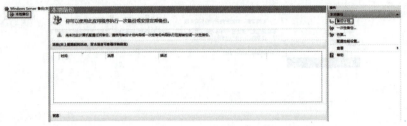

图 2-11-26 "本地备份"窗口

(3) 进入到备份计划向导,单击"下一步"按钮,如图 2-11-27 所示。

图 2-11-27 备份计划向导

(4) 若要进行整个磁盘备份,可选择"整个服务器"选项,若要对部分文件进行备份,可选择"自定义"选项,本任务选择"自定义"选项,如图 2-11-28 所示。

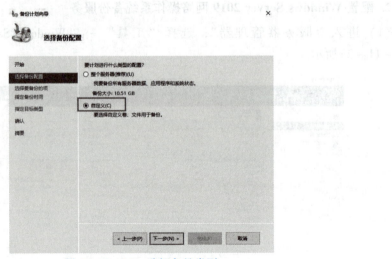

图 2-11-28 选择备份类型

(5)单击"添加项目"按钮,如图 2-11-29 所示,选择备份项。

图 2-11-29 选择备份项

(6)选择 C 盘中刚刚新建的"备份"文件夹,完成后单击"确定"按钮,如图 2-11-30 所示。

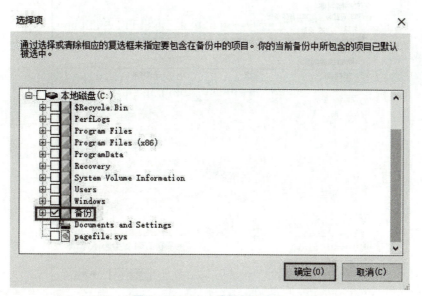

图 2-11-30 选择备份内容

(7)回到选择备份项窗口,如图 2-11-31 所示,单击"高级设置"按钮,可进行备份排除内容选择,如图 2-11-32 所示。

(8)设置指定备份时间,可以每日一次或每日多次备份。本任务设置每日一次备份模式,如图 2-11-33 所示,选择"每日一次"选项,再设置备份时间。

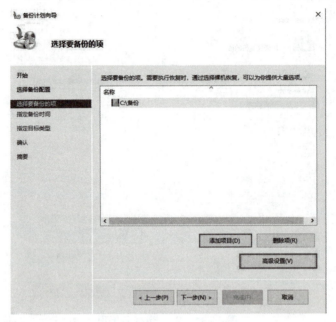

图 2-11-31 选择备份项窗口

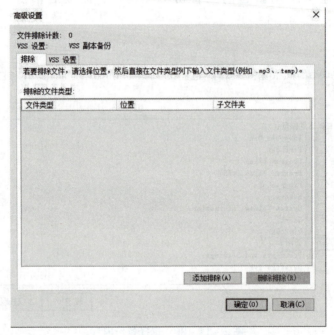

图 2-11-32 选择排除备份内容

(9) 设置备份存储位置，可以设置备份到硬盘或网络磁盘等。本任务采用备份到硬盘，如图 2-11-34 所示，选择"备份到专用于备份的硬盘（推荐）"选项。

(10) 单击"显示所有可用磁盘"按钮，如图 2-11-35 所示。

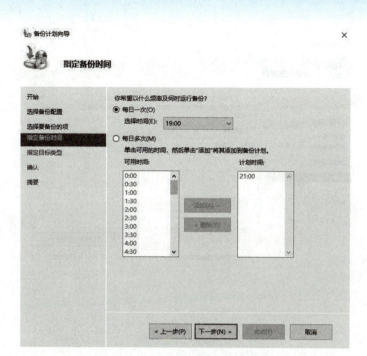

图 2-11-33　设置指定备份时间

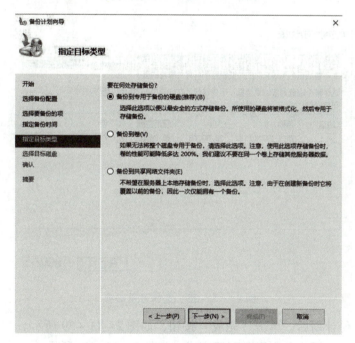

图 2-11-34　设置备份存储位置

（11）选择可用磁盘，再单击"确定"按钮，如图 2-11-36 所示。

（12）选择添加的磁盘，单击"下一步"按钮，如图 2-11-37 所示，系统会弹出格式化磁盘提示，单击"是"按钮即可，如图 2-11-38 所示。

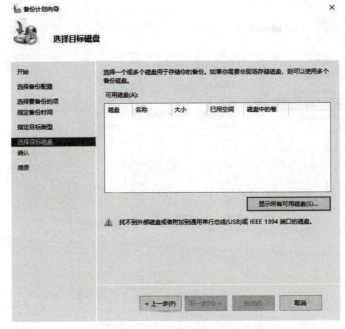

图 2-11-35 选择目标磁盘

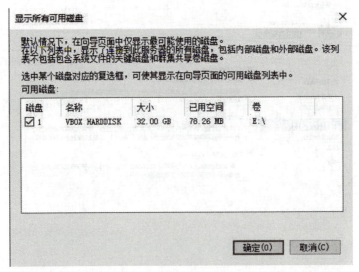

图 2-11-36 选择可用磁盘

(13) 确认备份计划后,单击"完成"按钮,如图 2-11-39 所示。

(14) 等待几分钟后,备份服务配置完成,如图 2-11-40 所示。

3. 恢复 Windows Server 2019 网络操作系统备份内容

(1) 进入 Windows Server 备份窗口中选择左边的"本地备份"选项,可以查看本机备份信息。若系统已完成备份任务,先删除 C 盘中新建的"备份"文件夹,在完成恢复备份内容后可查看是否恢复成功。如图 2-11-41 所示,单击"恢复"按钮。

项目2　Windows Server 2019操作系统部署

图2-11-37　选择目标磁盘

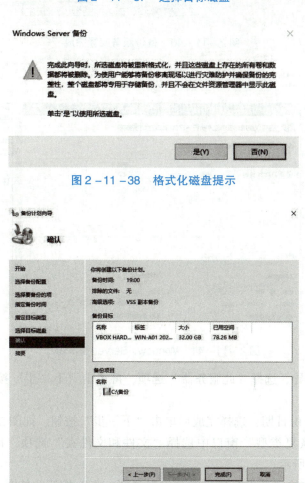

图2-11-38　格式化磁盘提示

图2-11-39　确认备份计划

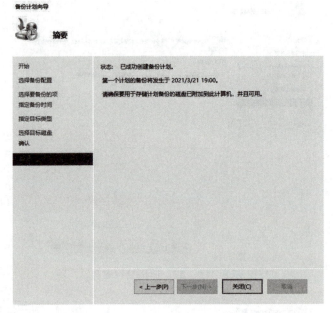

图2-11-40 备份服务配置完成

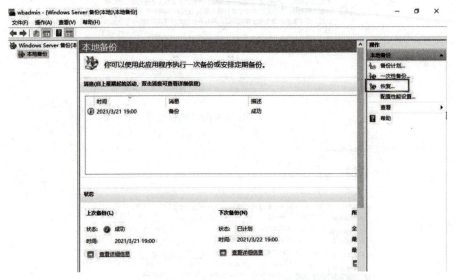

图2-11-41 Windows Server 备份窗口

(2) 进入恢复向导,选择"此服务器"选项,再单击"下一步"按钮,如图2-11-42所示。

(3) 选择恢复备份日期,选择完成后单击"下一步"按钮,如图2-11-43所示。

(4) 在"选择恢复类型"窗口中选择"文件和文件夹"选项,再单击"下一步"按钮,如图2-11-44所示。

(5) 选择C盘中的"备份"文件夹,单击"下一步"按钮,如图2-11-45所示。

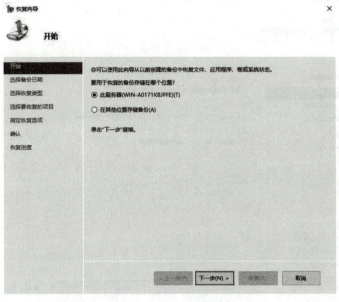

图 2-11-42 恢复向导

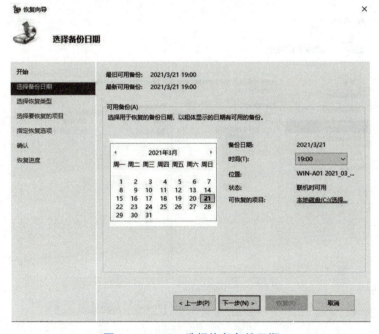

图 2-11-43 选择恢复备份日期

(6)在"恢复目标"区域选择"原始位置"选项,在"当此向导发现要备份的某些项目已在恢复目标中存在时"区域选择"创建副本,使你同时保留两个版本"选项,如图 2-11-46 所示,在"安装设置"区域勾选"还原正在恢复的文件或文件夹的访问控制列表(ACL)权限"选项。

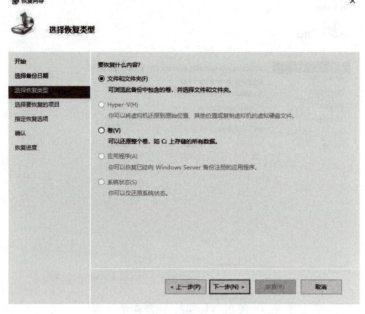

图 2-11-44 "选择恢复类型"窗口

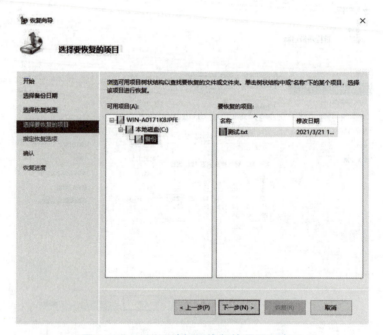

图 2-11-45 "选择要恢复的项目"窗口

(7) 确认恢复内容后单击"恢复"按钮,如图 2-11-47 所示。等待几分钟后恢复完成,如图 2-11-48 所示,单击"关闭"按钮即可。

(8) 选择 Windows Server 备份窗口的"本地备份"选项,中间会显示备份成功信息,如图 2-11-49 所示,到此恢复任务完成。可再次进入 C 盘查看刚刚删除的"备份"文件夹是否恢复。

项目2　Windows Server 2019操作系统部署

图2-11-46　"指定恢复选项"窗口

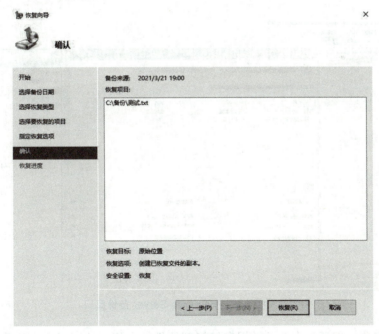

图2-11-47　"确认"窗口

六、课后习题

1. 填空题

（1）数据备份是（　　　　）的基础。

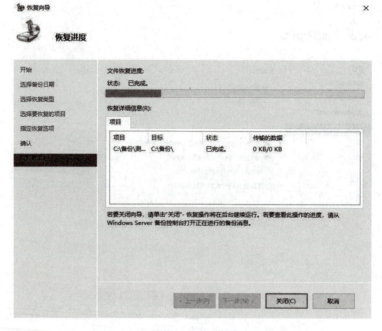

图 2-11-48 "恢复进度"窗口

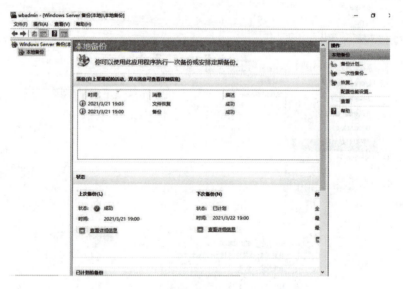

图 2-11-49 Windows Server 备份窗口

(2) 网络备份一般通过专业的数据存储管理软件结合相应的（　　）和（　　）设备来实现。

(3) 数据备份必须考虑到数据恢复的问题，包括采用（　　）、（　　）、备份磁带异地存放、关键部件冗余等多种灾难预防措施。

(4) 传统的数据备份主要采用内置或外置的磁带机进行（　　）。

2. 判断题

（1）通过高速光纤通道线路和磁盘控制技术将镜像磁盘延伸到远离生产机的地方，镜像磁盘数据与主磁盘数据完全一致，更新方式为同步或异步。（   ）

（2）远程磁带库、光盘库备份，即将数据传送到远程备份中心制作完整的备份磁带或光盘。（   ）

（3）随着技术的不断发展、数据的海量增加，不少企业开始采用网络备份。（   ）

（4）Windows Server 2019 可以设置自动备份功能。（   ）

3. 简答题

请简述 Windows Server 2019 备份服务安装流程。

项目 2 – 任务 11 质量自检/交付验收表

专业：_____   班级：_____   小组：_____   姓名：_____

七、质量自检

质量自检见表 2 – 11 – 1。

表 2 – 11 – 1 质量自检

序号	名称	完成情况	备注
1	虚拟机正常运行	□是　□否	
2	网络操作系统正常运行	□是　□否	
3	安装 Windows Server 备份服务	□是　□否	
4	设置需要备份的文件	□是　□否	
5	虚拟机添加单独磁盘	□是　□否	
6	整理器材与设备	□是　□否	

八、交付验收

验收明细见表 2 – 11 – 2。

表 2 – 11 – 2 验收明细

验收项目	验收内容	验收情况
功能/性能	备份 C 盘中的"姓名"文件夹	
	添加用于存储备份的 20 GB 磁盘	
	设置每日 2 次的备份周期	
	测试恢复功能是否正常执行	
用户手册	Windows Server 备份安装手册	
	Windows Server 备份手册	
	服务器备份日程计划表	

验收人：　　　　　　　　　　　　　　　　确认人：

项目 3
SQL Server 2019 数据库部署

项目目标
- √ 了解数据库技术；
- √ 掌握 SQL Server 2019 数据库安装方法；
- √ 掌握 SQL Server 2019 数据库配置流程；
- √ 掌握 SQL Server 2019 数据库还原与备份技巧。

建议学时
- √ 8 学时。

项目任务
- √ 任务 1：SQL Server 2019 数据库安装与配置；
- √ 任务 2：SQL Server Management Studio 安装与配置；
- √ 任务 3：图形化工具与 SQL 命令管理 SQL Server 2019 数据库；
- √ 任务 4：SQL Server 2019 数据库备份与还原。

学习流程与活动
- √ 获取任务；
- √ 制定计划；
- √ 安装配置；
- √ 质量自检；
- √ 交付验收。

3.1 任务1　SQL Server 2019 数据库安装与配置

一、任务情境描述

数据库是一个按数据结构存储和管理数据的计算机软件系统。平时浏览网站、观看在线视频、玩线上游戏等应用都需要使用数据库进行数据的存储。某企业技术部门已完成公司网站的制作，现需要在服务器上安装 SQL Server 2019 数据库，该如何完成这项任务？

二、能力目标

（1）能了解数据库基础知识。
（2）能掌握 SQL Server 2019 数据库下载方法。
（3）能掌握 SQL Server 2019 数据库安装步骤。

三、知识准备

1. 认识数据库

数据库是存放数据的仓库。它的存储空间很大，可以存放百万条、千万条甚至上亿条数据。数据库是一个按数据结构存储和管理数据的计算机软件系统，人们平时所说的数据库大多指数据库管理系统（Database Management System，DBMS）。

DBMS 是一种操纵和管理数据库的大型软件，用于建立、使用和维护数据库，它对数据库进行统一的管理和控制，以保证数据库的安全性和完整性。用户通过 DBMS 访问数据库中的数据，数据库管理员也通过 DBMS 进行数据库的维护工作。DBMS 可以支持多个应用程序和用户用不同的方法同时或在不同时刻建立、修改和询问数据库。大部分 DBMS 提供数据定义语言 DDL（Data Definition Language）和数据操作语言 DML（Data Manipulation Language），供用户定义数据库的模式结构与权限约束，实现对数据的添加、删除等操作。

2. 数据库的主要功能

（1）数据定义：DBMS 提供数据定义语言 DDL，供用户定义数据库的三级模式结构、两级映像以及完整性约束和保密限制等约束。DDL 主要用于建立、修改数据库的结构。DDL 所描述的库结构仅给出了数据库的框架，数据库的框架信息被存放在数据字典（Data Dictionary）中。

（2）数据操作：DBMS 提供数据操作语言 DML，供用户实现对数据的添加、删除、更新、查询等操作。

（3）数据库的运行管理：数据库的运行管理功能是 DBMS 的运行控制、管理功能，包括多用户环境下的并发控制、安全性检查和存取限制控制、完整性检查和执行、运行日志的组织管理、事务的管理和自动恢复，即保证事务的原子性。这些功能保证了数据库系统的正常运行。

（4）数据的组织、存储与管理：DBMS 要分类组织、存储和管理各种数据，包括数据字典、用户数据、存取路径等，需确定以何种文件结构和存取方式在存储级上组织这些数据、如何实现数据之间的联系。数据组织和存储的基本目标是提高存储空间利用率，选择合适的存取方法提高存取效率。

（5）数据库的保护：数据库中的数据是信息社会的战略资源，所以数据的保护至关重要。DBMS 对数据库的保护通过 4 个方面来实现：数据库的恢复、数据库的并发控制、数据库的完整性控制、数据库安全性控制。DBMS 的其他保护功能还有系统缓冲区的管理以及数据存储的某些自适应调节机制等。

（6）数据库的维护：这一部分包括数据库的数据载入、转换、转储，数据库的重组合、重构以及性能监控等功能，这些功能分别由各个应用程序来完成。

（7）通信：DBMS 具有与操作系统联机处理、分时系统及远程作业输入的相关接口，负责处理数据的传送。对网络环境下的数据库系统，还包括 DBMS 与网络中其他软件系统的通信功能以及数据库之间的互操作功能。

3. 数据库模式

数据模型是信息模型在数据世界中的表示形式。可将数据模型分为 3 类：层次模型、网状模型和关系模型。

1）层次模型

层次模型是一种用树形结构描述实体及其之间关系的数据模型。在这种结构中，每个记录类型都用节点表示，记录类型之间的联系则用节点之间的有向线段表示。每个双亲节点可以有多个子节点，但是每个子节点只能有一个双亲节点。这种结构决定了采用层次模型作为数据组织方式的层次数据库系统只能处理一对多的实体联系。

2）网状模型

网状模型允许一个节点同时拥有多个双亲节点和子节点。因此同层次模型相比，网状模型更具有普遍性，能够直接地描述现实世界的实体。也可以认为层次模型是网状模型的一个特例。

3）关系模型

关系模型是采用二维表格结构表达实体类型及实体间联系的数据模型，它的基本假定是所有数据都表示为数学上的关系。SQL Server 是一个关系 DBMS。

4. 常见的数据库软件

1）MySQL

MySQL 是一个快速的、多线程、多用户和健壮的 SQL 数据库服务器。MySQL 服务器支持关键任务、重负载生产系统的使用，也可以将它嵌入一个大配置的软件中。MySQL 产品标识如图 3 – 1 – 1 所示。

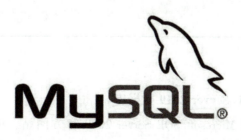

图 3 – 1 – 1　MySQL 产品标识

2）SQL Server

SQL Server 提供了众多的 Web 和电子商务功能，如具有对 XML 和 Internet 标准的丰富支持，通过 Web 对数据进行轻松安全的访问，具有强大的、灵活的、基于 Web 的和安全的应用程序管理等。SQL Server 产品标识如图 3-1-2 所示。

图 3-1-2　SQL Server 产品标识

3）Oracle

Oracle 产品系列齐全，几乎囊括所有应用领域，大型、完善、安全，可以支持多个实例同时运行。Oracle 产品功能齐全，能在大部分主流平台上运行，完全支持大部分工业标准。Oracle 产品标识如图 3-1-3 所示。

图 3-1-3　Oracle 产品标识

四、制定工作计划

五、任务实施

1. 下载 Microsoft SQL Server 2019 数据库

（1）通过浏览器访问 Microsoft SQL Server 2019 官方网站，单击下载"Developer 版"，如图 3-1-4 所示。下载地址：https://www.microsoft.com/zh-CN/sql-server/sql-serverdownloads。注：官网提供两个版本下载，SQL Server 2019 Developer 是一个全功能免费版本，许可在非生产环境下用作开发和测试数据库；SQL Server 2019 Express 是 SQL Server 2019 的一个免费版本，非常适合用于桌面、Web 和小型服务器应用程序的开发和生产。

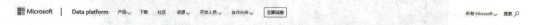

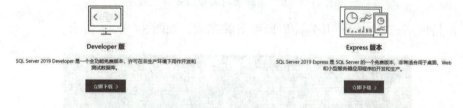

图 3-1-4　Microsoft SQL Server 2019 下载页面

（2）运行下载安装包后，选择"自定义"安装类型，如图 3-1-5 所示。

图 3-1-5　选择安装类型

(3)选择语言,设置安装位置后,单击"安装"按钮,如图3-1-6所示。

图3-1-6 选择语言和设置安装位置

(4)保持网络通畅,等待几分钟后即可下载完成,如图3-1-7所示。

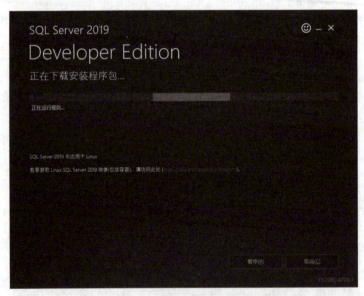

图3-1-7 下载安装包

(5)进入SQL Server安装中心,选择左边的"安装"选项,再选择"全新SQL Server独立安装或向现有安装添加功能"选项,如图3-1-8所示。

(6)选择"指定可用版本"为"Developer",单击"下一步"按钮,如图3-1-9所示。

(7)勾选"我接受许可条款"复选框,单击"下一步"按钮,如图3-1-10所示。

项目3　SQL Server 2019数据库部署

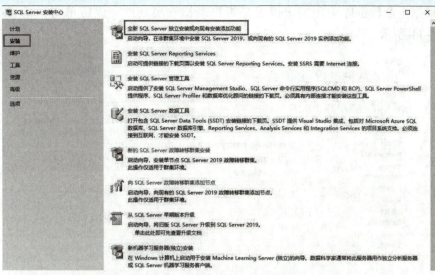

图3-1-8　SQL Server 安装中心

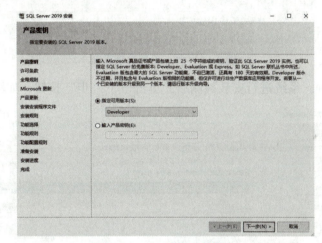

图3-1-9　选择安装版本

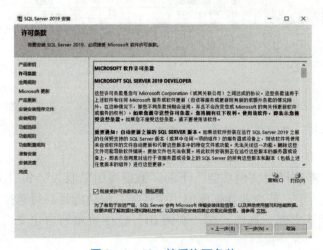

图3-1-10　接受许可条款

(8) 根据企业数据库应用需求设置是否自动检查更新，完成后单击"下一步"按钮，如图 3 – 1 – 11 所示。

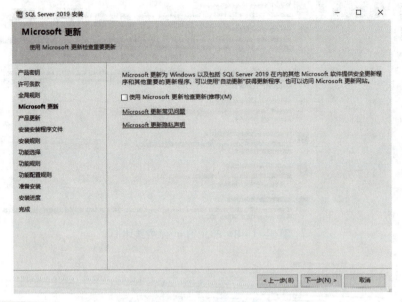

图 3 – 1 – 11　设置自动更新

(9) 等待几分钟，系统进行安装检测后，单击"下一步"按钮，如图 3 – 1 – 12 所示。

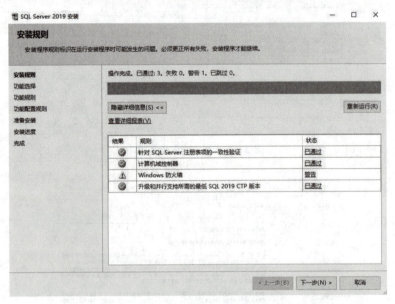

图 3 – 1 – 12　系统检测

(10) 本任务中需选择"实例功能"下的"数据库引擎服务"和"SQL Server 复制"选项，如图 3 – 1 – 13 所示。若企业数据库应用中还需其他功能可自行选择。

(11) 选择"默认实例"选项，在"实例 ID"框中可填写自定义名称，如图 3 – 1 – 14 所示。

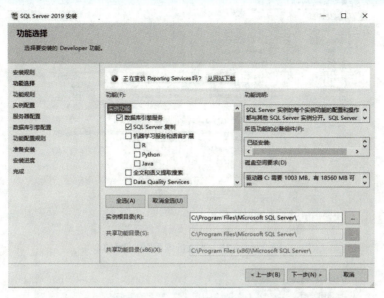

图 3-1-13 "功能选择"窗口

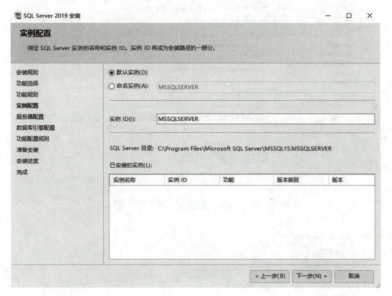

图 3-1-14 "实例配置"窗口

（12）设置服务账户启动类型，本任务采用默认类型，直接单击"下一步"按钮，如图 3-1-15 所示。

（13）选择"Windows 身份验证模式"为"混合模式"，设置 SQL Server 系统管理员密码，再单击"添加当前用户"按钮，把系统登录账户添加到 SQL Server 管理员中，如图 3-1-16 所示。完成后单击"下一步"按钮。注：SQL Server 管理员账户默认为"sa"，密码为刚设置的密码，后续登录此数据库需输入该用户信息。

（14）确认安装内容无误后，单击"安装"按钮，如图 3-1-17 所示。

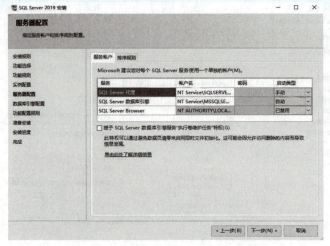

图3-1-15 "服务器配置"窗口

图3-1-16 "数据引擎配置"窗口

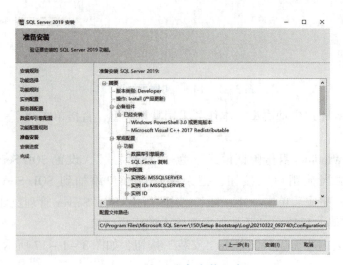

图3-1-17 "准备安装"窗口

（15）等待几分钟后，系统显示安装功能状态，单击"关闭"按钮，完成 SQL Server 2019 安装与配置任务，如图 3-1-18 所示。

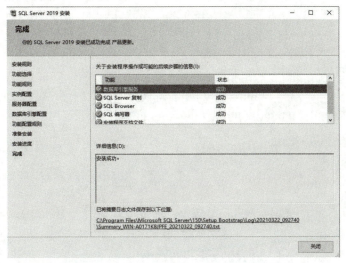

图 3-1-18　SQL Server 2019 安装成功

六、课后习题

1. 填空题

（1）数据库是存放（　　　）的仓库。

（2）DBMS 是一种（　　　）和（　　　）的大型软件。

（3）DBMS 提供（　　　）和（　　　）。

（4）数据库中的数据是（　　　）的战略资源，所以数据的保护至关重要。

（5）数据模型分为 3 类：（　　　）、（　　　）和（　　　）。

（6）关系模型是采用（　　　）结构表达实体类型及实体间联系的数据模型。

2. 判断题

（1）MySQL 是一个快速的、多线程、多用户和健壮的 SQL 数据库服务器。（　　）

（2）SQL Server 提供了众多的 Web 和电子商务功能。（　　）

（3）层次模型是一种用树形结构描述实体及其之间关系的数据模型。（　　）

（4）网络环境下的数据库系统，还包括 DBMS 与网络中其他软件系统的通信功能以及数据库之间的互操作功能。（　　）

（5）数据库的维护包括数据库的数据载入、转换、转储，数据库的重组合、重构以及性能监控等功能，这些功能分别由各个应用程序来完成。（　　）

3. 简答题

请简述 DBMS 提供的保护数据的功能。

项目3–任务1 质量自检/交付验收表

专业：_____ 班级：_____ 小组：_____ 姓名：_____

六、质量自检

质量自检见表3–1–1。

表3–1–1 质量自检

序号	名称	完成情况		备注
1	虚拟机正常运行	□是	□否	
2	操作系统正常运行	□是	□否	
3	下载SQL Server 2019安装文件	□是	□否	
4	安装SQL Server 2019	□是	□否	
5	清理软件安装包	□是	□否	
6	整理器材与设备	□是	□否	

七、交付验收

验收明细见表3–1–2。

表3–1–2 验收明细

验收项目	验收内容	验收情况
功能/性能	将SQL Server 2019安装在C盘"SQL"文件夹中	
程序	SQL Server 2019安装文件	
用户手册	SQL Server 2019安装手册	
	SQL Server 2019配置手册	

验收人： 确认人：

3.2 任务2　SQL Server Management Studio 安装与配置

一、任务情境描述

SQL Server Management Studio 是一个集成环境,用于访问、配置、管理和开发 SQL Server 的所有组件。当 SQL Server 2019 安装成功后,还需要通过更加方便的图形用户界面平台进行 SQL Server 2019 数据库应用和管理工作。本任务需要完成 SQL Server Management Studio 的安装与配置任务。

二、能力目标

(1) 能掌握下载 SQL Server Management Studio 的方法。
(2) 能掌握安装 SQL Server Management Studio 的步骤。
(3) 能掌握配置 SQL Server Management Studio 的技巧。

三、知识准备

SQL Server Management Studio（SSMS）是一种集成环境,用于访问、配置、管理和开发 SQL Server 的所有组件。SQL Server Management Studio 组合了大量图形工具和丰富的脚本编辑器,使各种技术水平的开发人员和数据库管理员都能访问 SQL Server,例如 Reporting Services、Integration Services 和 SQL Server Compact 3.5 SP1。开发人员可以获得熟悉的体验,而数据库管理员可获得功能齐全的单一实用工具,其中包含易于使用的图形工具和丰富的脚本编辑器。本书成书时 SQL Server Management Studio 18.8 是 SQL Server Management Studio 的最新正式发布（GA）版本。

四、制定工作计划

五、任务实施

1. 下载并安装 SQL Server Management Studio

（1）进入 SQL Server Management Studio 官方网站，单击下载 SQL Server Management Studio 软件，如图 3-2-1 所示。下载地址：https://docs.microsoft.com/zh-cn/sql/ssms/download-sql-server-management-studio-ssms? view=sql-server-ver15。

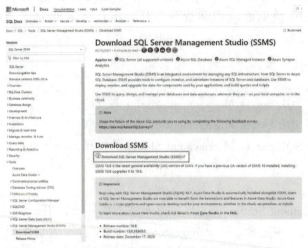

图 3-2-1　SQL Server Management Studio 官方网站

（2）运行下载的安装包文件，配置安装路径，完成后单击"安装"按钮，如图 3-2-2 所示。

图 3-2-2　设置软件安装路径

（3）安装过程需要等待几分钟，如图 3-2-3 所示。

（4）出现图 3-2-4 所示界面，即顺利完成 SQL Server Management Studio 安装任务。

图 3-2-3 安装过程

图 3-2-4 完成安装

2. 配置 SQL Server Management Studio

(1) 单击"开始"菜单,选择"Microsoft SQL Server Management Studio"应用程序,如图 3-2-5 所示。

(2) 进入 SQL Server Management Studio 启动界面,如图 3-2-6 所示。

(3) 在"身份验证"下拉列表中选择"SQL Server 身份验证"选项,如图 3-2-7 所示。注:若 SQL Server Management Studio 连接网络中的数据库服务器,需在"服务器名称"框中填写数据库服务器名称或 IP 地址。

(4) 输入登录名"sa"和安装时设置的密码,如图 3-2-8 所示。

(5) 验收通过后进入 SQL Server Management Studio 管理界面,如图 3-2-9 所示。

图3-2-5 启动 SQL Server Management Studio

图3-2-6 SQL Server Management Studio 启动界面

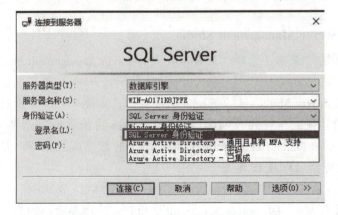

图3-2-7 登录身份验证设置

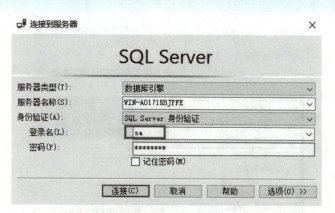

图3-2-8 输入登录名和密码

图3-2-9 SQL Server Management Studio 管理界面

(6) 选择左边"对象资源管理器"窗口中的数据库服务器名称,单击鼠标右键,选择"属性"选项,如图3-2-10所示。

(7) 进入"服务器属性"窗口,可以在左边"选择页"中选择需要查看或修改的内容,如图3-2-11所示,默认进入"常规"页,在此页面中可以查看本机数据库基础信息参数。

(8) 选择"选择页"中的"内存"选项,可以调整最小服务器内存和最大服务器内存数据,如图3-2-12所示。

(9) 选择"选择页"中的"安全性"选项,可以设置数据库服务器身份验证方式和登录审核方式,如图3-2-13所示。

(10) 选择"选择页"中的"连接"选项,可以设置连接数据库的最大数目和远程服务器连接参数,如图3-2-14所示。

(11) 选择"选择页"中的"数据库设置"选项,可以设置备份和还原参数、恢复间隔时间等,如图3-2-15所示。

(12) 选择"选择页"中的"高级"选项,可以设置数据库的连接、网络等参数,如图3-2-16所示。

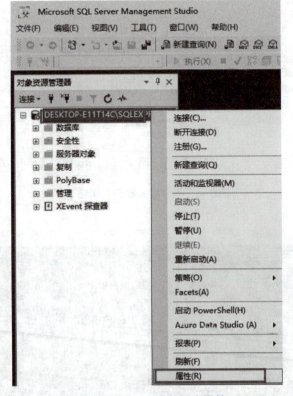

图3-2-10 查看数据库属性

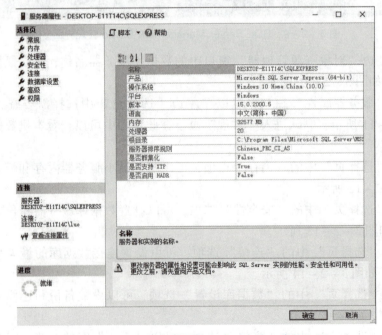

图3-2-11 "服务器属性"窗口中的"常规"页

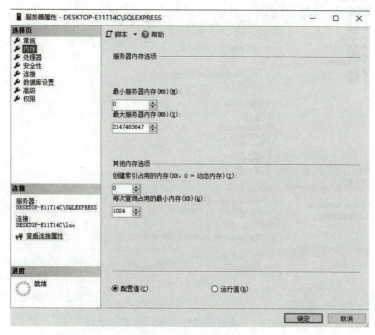

图3-2-12 "服务器属性"窗口中的"内存"页

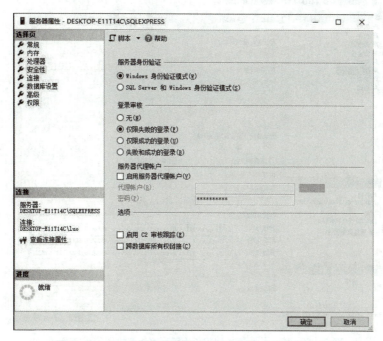

图3-2-13 "服务器属性"窗口中的"安全性"页

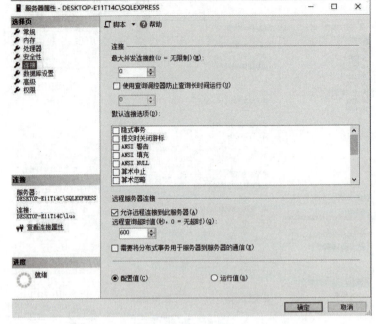

图 3-2-14 "服务器属性"窗口中的"连接"页

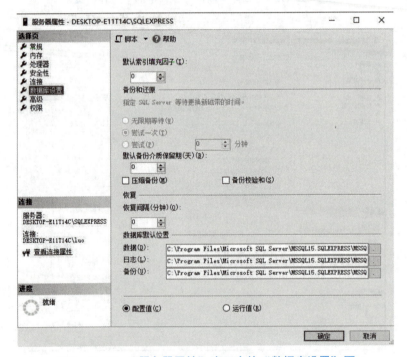

图 3-2-15 "服务器属性"窗口中的"数据库设置"页

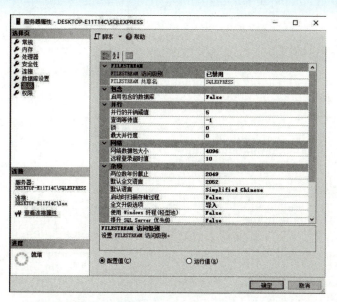

图 3-2-16 "服务器属性"窗口中的"高级"页

(13) 选择"选择页"中的"权限"选项,可以设置用户操作数据库权限,如图 3-2-17 所示。

图 3-2-17 "服务器属性"窗口中的"权限"页

项目 3 – 任务 2 质量自检/交付验收表

专业：_____   班级：_____   小组：_____   姓名：_____

六、质量自检

质量自检见表 3 – 2 – 1。

表 3 – 2 – 1 质量自检

序号	名称	完成情况	备注
1	虚拟机正常运行	□是　□否	
2	操作系统正常运行	□是　□否	
3	下载 SQL Server Management Studio 安装包	□是　□否	
4	安装运行 SQL Server Management Studio 软件	□是　□否	
5	清理软件安装包	□是　□否	
6	整理器材与设备	□是　□否	

七、交付验收

验收明细见表 3 – 2 – 2。

表 3 – 2 – 2 验收明细

验收项目	验收内容	验收情况
功能/性能	通过 SQL Server Management Studio 连接 SQL Server 数据库	
程序	SQL Server Management Studio 安装包	
用户手册	SQL Server Management Studio 安装手册	
	SQL Server Management Studio 配置手册	
验收人：		确认人：

3.3 任务3　图形化工具与 SQL 命令管理 SQL Server 2019 数据库

一、任务情境描述

完成 SQL Server 2019 数据库的安装和 SQL Server Management Studio 的安装后，就可以对数据库进行管理工作。某企业技术部完成了软件需求分析设置，目前需要进行数据库创建工作，该如何来完成此项任务？

二、能力目标

（1）能掌握用图形化方式创建和管理数据库的方法。
（2）能掌握用 SQL 命令方式创建和管理数据库的方法。

三、知识准备

1. 认识 SQL

结构化查询语言（Structured Query Language）简称 SQL，是一种具有特殊目的的编程语言，也是一种数据库查询和程序设计语言，用于存取数据以及查询、更新和管理关系数据库系统。

SQL 是高级的非过程化编程语言，允许用户在高层数据结构上工作。它不要求用户指定对数据的存放方法，也不需要用户了解具体的数据存放方式，所以具有完全不同底层结构的不同数据库系统，可以使用相同的 SQL 作为数据输入与管理的接口。SQL 语句可以嵌套，这使 SQL 具有极大的灵活性和强大的功能。

2. SQL 的基本功能

SQL 具有数据定义、数据操纵和数据控制的功能。

（1）数据定义功能：SQL 能够定义数据库的三级模式结构，即外模式、全局模式和内模式结构。在 SQL 中，外模式又叫作视图（View），全局模式简称模式（Schema），内模式由系统根据数据库模式自动实现，一般无须用户过问。

（2）数据操纵功能：包括对基本表和视图的数据插入、删除和修改，特别是具有很强的数据查询功能。

（3）数据控制功能：主要是对用户的访问权限加以控制，以保证系统的安全性。

3. SQL 的结构

SQL 包含 6 个部分：

（1）数据查询语言（DQL）：也称为"数据检索语句"，用来从表中获得数据，确定数据怎样在应用程序中给出。保留字 SELECT 是 DQL 用得最多的动词，其他 DQL 常用的保留字有 WHERE、ORDER BY、GROUP BY 和 HAVING。这些 DQL 保留字常与其他类型的 SQL 语句一起使用。

（2）数据操作语言（DML）：其语句包括动词 INSERT、UPDATE 和 DELETE。它们分别用于添加、修改和删除。

（3）事务控制语言（TCL）：其语句能确保被 DML 语句影响的表的所有行及时得以更新，包括 COMMIT（提交）命令、SAVEPOINT（保存点）命令、ROLLBACK（回滚）命令。

（4）数据控制语言（DCL）：其语句通过 GRANT 或 REVOKE 实现权限控制，确定单个用户和用户组对数据库对象的访问。某些 RDBMS 可用 GRANT 或 REVOKE 控制对表单各列的访问。

（5）数据定义语言（DDL）：其语句包括动词 CREATE、ALTER 和 DROP。其用于在数据库中创建新表或修改、删除表（CREATE TABLE 或 DROP TABLE），为表加入索引等。

（6）指针控制语言（CCL）：其语句用于对一个或多个表单独行的操作。

四、制定工作计划

五、任务实施

1. 用图形化方式管理创建和管理数据库

（1）单击"开始"菜单，选择"Microsoft SQL Server Management Studio"应用程序，如图 3-3-1 所示。

（3）输入登录名"sa"和安装时设置的密码，如图 3-3-3 所示。

（4）选中左边"数据库"选项，单击鼠标右键，选择"新建数据库"选项，如图 3-3-4 所示。

（5）进入"新建数据库"窗口，输入数据库名称，如图 3-3-5 所示。此窗口还可以设置新建数据库的所有者和数据库初始参数等数据。完成后单击"确定"按钮。

（6）完成新建后，刚创建的数据库自动添加到"对象资源管理器"窗口中，如图 3-3-6 所示。

（7）若还需修改已创建的数据库参数，可以选中要修改的数据库名称，再单击鼠标右键，选择"属性"选项，如图 3-3-7 所示。

图 3-3-1　选择 SQL Server Management Studio 应用程序

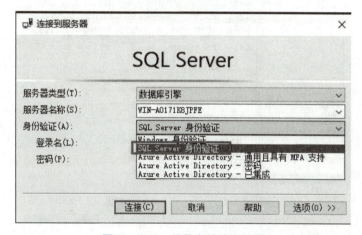

图 3-3-2　登录身份验证设置

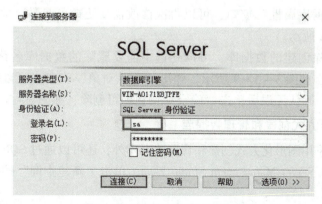

图 3-3-3　输入登录名和密码

图 3-3-4 "数据库新建"选项

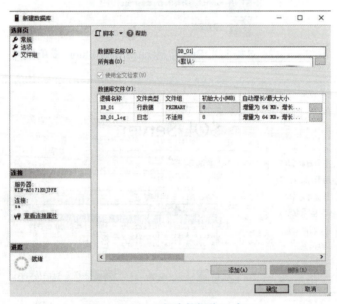

图 3-3-5 "新建数据库"窗口

（8）进入"数据库属性"窗口，可以再次修改需要更改的参数，完成后单击"确认"按钮，如图 3-3-8 所示。

（9）若需要删除创建的数据库，可以先选中需要删除的数据库名称，单击鼠标右键，选择"删除"选项，如图 3-3-9 所示。弹出"删除对象"窗口，可以查看到正在删除的数据库基本信息，当确认无误后单击"确定"按钮即可删除，如图 3-3-10 所示。

2. 用 SQL 命令方式创建和管理数据库

（1）除了可以采用图形化方式创建和管理数据库外，还可以通过 SQL 命令方式创建和管理数据库。进入 SQL Server Management Studio 界面，单击"新建查询"按钮，如图 3-3-11 所示。

项目3　SQL Server 2019数据库部署

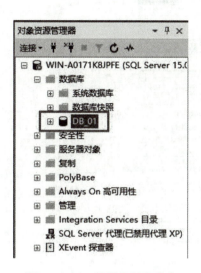

图3-3-6　数据库创建成功

图3-3-7　修改数据库参数

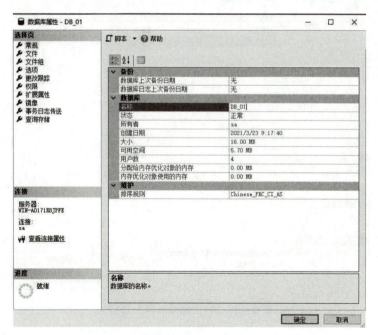

图3-3-8　"数据库属性"窗口

图 3-3-9 删除数据库

图 3-3-10 "删除对象"窗口

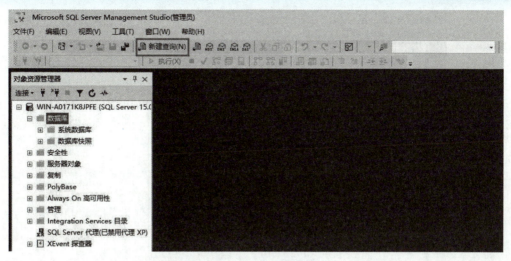

图3-3-11 新建查询操作

（2）输入 SQL 语句代码，如图3-3-12所示。"create database"表示创建数据库，"DB_02"表示创建数据名，"filename"表示存放位置，"size"表示数据库初始空间，"maxsize"表示最大容量，"filegrowth"表示每次递增容量，"log on"表示创建系统日志。注：由于指定了存储路径，代码输入完成后需要在 C 盘根目录下创建"DB"文件夹用于存放数据。

图3-3-12 输入 SQL 语句代码

（3）代码输入完成后，单击窗口中的"分析"按钮，如图3-3-13所示。SQL Server Management Studio 会自动分析代码是否有语法错误等，在下方的结果面板中显示相关信息。

（4）系统分析代码无误后，单击窗口中的"执行"按钮，如图3-3-14所示。SQL Server Management Studio 会在下方消息窗口中显示相关信息提示。

（5）选择"数据库"选项，单击鼠标右键，选择"刷新"选项，如图3-3-15所示，刚创建的数据库信息将显示出来，如图3-3-16所示。

（6）若要查看刚刚新建的数据库信息，可以输入图3-3-17中的 SQL 语句代码进行查看。

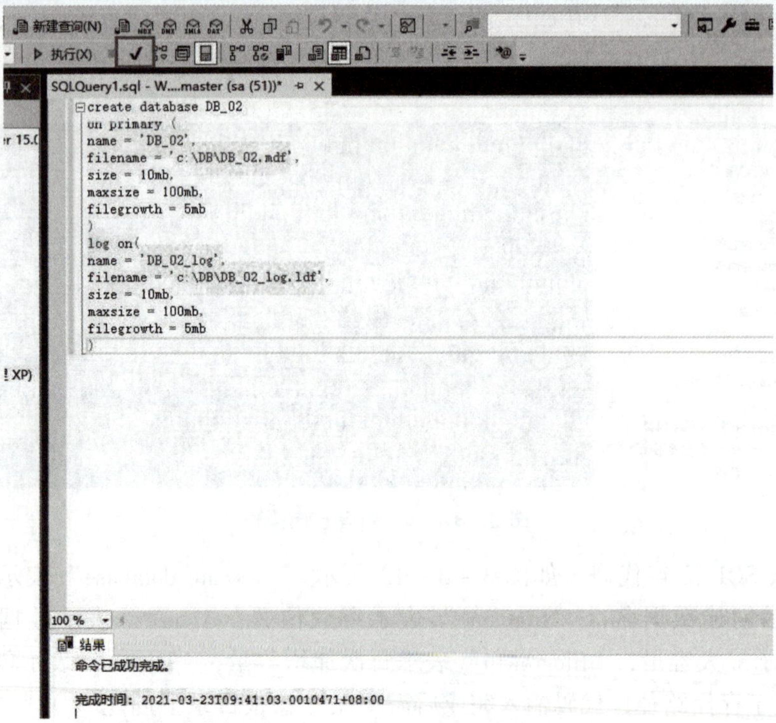

图 3-3-13 分析 SQL 语句

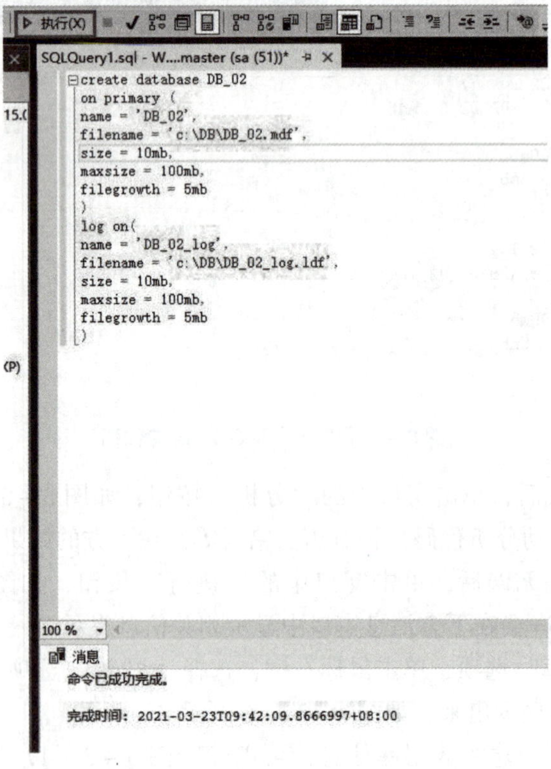

图 3-3-14 执行 SQL 语句

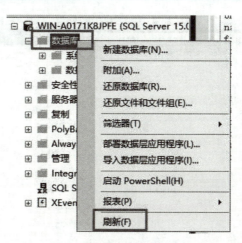

图3-3-15 刷新数据库

(7) 输入完成后单击"分析"按钮,如图3-3-18所示。分析成功后单击"执行"按钮即可,如图3-3-19所示。在分析结果中可以查看DB_02数据库的基本参数信息。

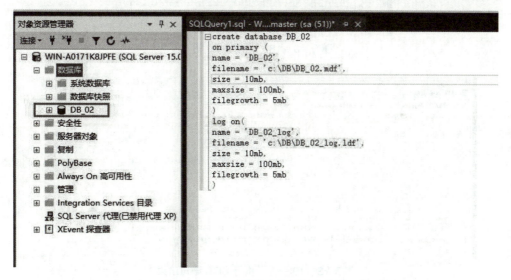

图3-3-16 刚创建的数据库信息

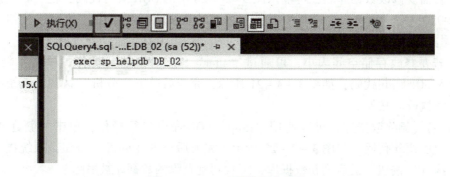

图3-3-17 查看数据库参数

图 3-3-18 分析 SQL 语句

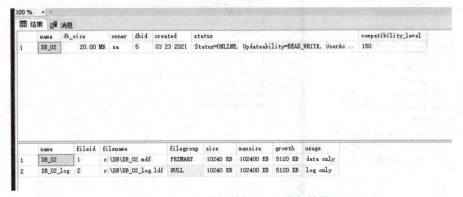

图 3-3-19 显示执行 SQL 语句结果

(8) 若需要修改数据库名,可输入图 3-3-20 中的 SQL 语句代码,把"DB_02"更改为"DB_002",完成后单击"分析"按钮,系统检查无误后再单击"执行"按钮。完成后可通过单击"新建查询"按钮输入"exec sp_helpdb DB_002"命令查看更改信息。

(9) 若要修改存储空间大小,可通过"alter" SQL 命令进行操作,单击"新建查询"按钮,输入 SQL 语句代码,如图 3-3-21 所示,完成后单击"分析"按钮,系统提示无误后再单击"执行"按钮。

(10) 若要删除数据库,可以使用"drop" SQL 命令进行操作,单击"新建查询"按钮,输入 SQL 语句代码,如图 3-3-22 所示,完成后单击"分析"按钮,系统提示无误后再单击"执行"按钮,最后刷新数据库,可看到刚删除的数据库被清除。

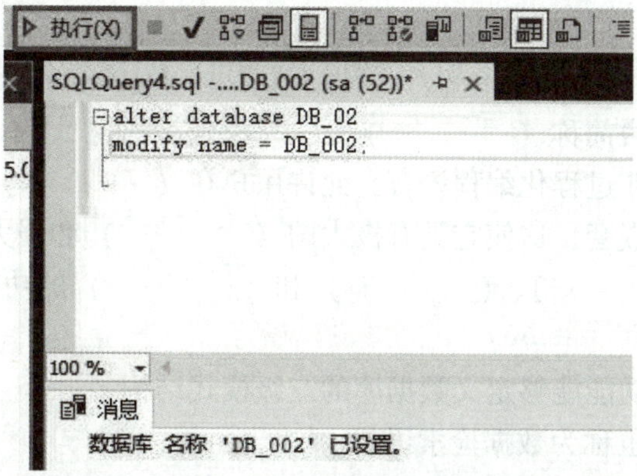

图 3-3-20　用 SQL 命令修改数据库名

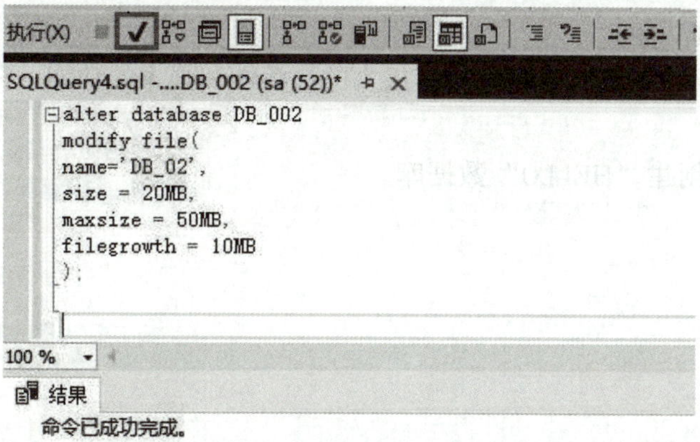

图 3-3-21　用 SQL 命令修改存储参数

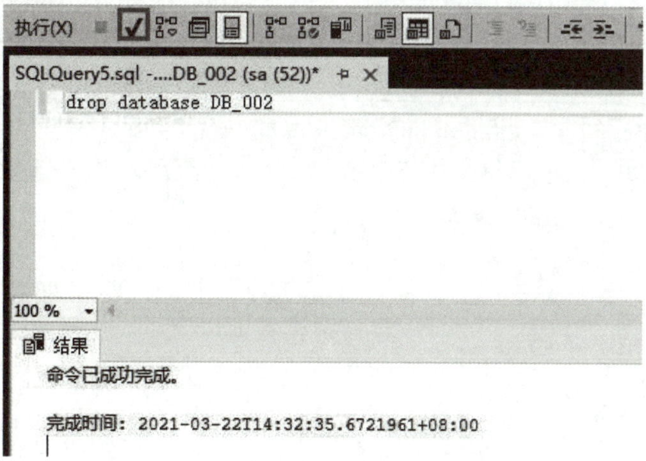

图 3-3-22　用 SQL 命令删除数据库

六、课后习题

1. 填空题

（1）结构化查询语言简称（　　　　）。

（2）SQL 是高级的非过程化编程语言，允许用户在（　　　　）上工作。

（3）SQL 语句可以嵌套，这使它具有极大的（　　　　）和强大的功能。

（4）SQL 具有（　　　　）、（　　　　）和（　　　　）的功能。

2. 判断题

（1）SQL 数据定义功能能够定义数据库的三级模式结构。　　　　（　　）

（2）数据查询语言也称为数据检索语句。　　　　（　　）

（3）数据定义语言的语句包括动词 CREATE、ALTER 和 DROP。　　　　（　　）

（4）SQL 的数据操纵功能包括对基本表和视图的数据进行插入、删除和修改，特别是具有很强的数据查询功能。　　　　（　　）

（5）SQL 语句可以嵌套，这使它具有极大的灵活性和强大的功能。　　　　（　　）

3. 简答题

（1）通过 SQL 创建"HELLO"数据库。

（2）通过 SQL 删除"HELLO"数据库。

项目 3 – 任务 3 质量自检/交付验收表

专业：_____ 班级：_____ 小组：_____ 姓名：_____

七、质量自检

质量自检见表 3–3–1。

表 3–3–1 质量自检

序号	名称	完成情况		备注
1	虚拟机正常运行	□是	□否	
2	操作系统正常运行	□是	□否	
3	用图形化方式管理数据库	□是	□否	
4	用 SQL 语句方式管理数据库	□是	□否	
5	清理软件安装包	□是	□否	
6	整理器材与设备	□是	□否	

八、交付验收

验收明细见表 3–3–2。

表 3–3–2 验收明细

验收项目	验收内容	验收情况
功能/性能	通过图形化方式新建"DB_学号"数据库	
	通过 SQL 语句方式新建"DB_姓名"数据库	
	设置数据库递增空间为 6 MB	
用户手册	用图形化方式数据库管理手册	
	用 SQL 语句方式管理数据库手册	

验收人：　　　　　　　　　　　　　　　　确认人：

3.4 任务 4　SQL Server 2019 数据库备份与还原

一、任务情境描述

随着办公自动化和电子商务的飞速发展，企业对信息系统的依赖性越来越高，数据库作为信息系统的核心担当着重要的角色。尤其在一些对数据可靠性要求很高的企业如银行、证券公司、电信公司等，如果发生意外停机或数据丢失，其损失会十分惨重。为此企业运维部门需要完成数据库服务器的备份配置任务，该如何完成呢？

二、能力目标

（1）能掌握 SQL Server 2019 数据库备份配置方法。
（2）能掌握 SQL Server 2019 数据库还原操作方式。

三、知识准备

1. 认识数据库备份

随着办公自动化和电子商务的飞速发展，企业对信息系统的依赖性越来越高，数据库作为信息系统的核心担当着重要的角色。尤其在一些对数据可靠性要求很高的企业如银行、证券公司、电信公司等，如果发生意外停机或数据丢失其损失会十分惨重。为此数据库管理员应针对具体的业务要求制定详细的数据库备份与灾难恢复策略，并通过模拟故障对每种可能的情况进行严格测试，只有这样才能保证数据的高可用性。数据库备份是一个长期的过程，而恢复只在发生事故后进行，恢复可以看作备份的逆过程，恢复程度在很大程度上依赖备份的情况。此外，数据库管理员在恢复时采取的步骤正确与否也直接影响最终的恢复结果。

2. 数据库备份类型

按照备份数据库的大小，数据库备份有 4 种类型，分别应用于不同的场合，下面简要介绍。

1）完全备份

这是大多数人常用的方式，它可以备份整个数据库，包括用户表、系统表、索引、视图和存储过程等所有数据库对象，但需要花费很多时间和空间，所以，一般推荐一周做一次完全备份。

2）事务日志备份

事务日志是一个单独的文件，它记录数据库的改变，备份的时候只需要复制自上次备份以来对数据库所做的改变，所以只需要很少的时间。为了使数据库具有鲁棒性，推荐每小时甚至更频繁地备份事务日志。

3）差异备份

差异备份也叫增量备份。它是只备份数据库一部分的另一种方法，它不使用事务日志，相反，它使用整个数据库的一种新映像。它比最初的完全备份小，因为它只包含自上次完全备份以来所改变的数据库。它的优点是存储和恢复速度快。推荐每天做一次差异备份。

4）文件备份

数据库可以由硬盘上的许多文件构成。如果这个数据库非常大，并且一个晚上也不能将它备份完，那么可以使用文件备份，每晚备份数据库的一部分。由于一般情况下数据库不会大到必须使用多个文件存储，所以这种备份不是很常用。

按照数据库的状态，数据库备份可分为 3 种：

（1）冷备份：此时数据库处于关闭状态，能够较好地保证数据库的完整性。

（2）热备份：此时数据库正处于运行状态，这种方法依赖于数据库的事务日志文件。

（3）逻辑备份：使用软件从数据库中提取数据并将结果写到一个文件上。

四、制定工作计划

五、任务实施

1. Microsoft SQL Server 2019 数据库备份配置

（1）单击"开始"菜单，选择"Microsoft SQL Server Management Studio"应用程序，如图 3-4-1 所示。

（2）在"身份验证"下拉列表中选择"SQL Server 身份验证"选项，如图 3-4-2 所示。注：若 SQL Server Management Studio 连接网络中的数据库服务器，需在"服务器名称"框中填写数据库服务器名称或 IP 地址。

（3）输入登录名"sa"和安装时设置的密码，如图 3-4-3 所示。

（4）新建数据库命名为"备份与还原"，选中数据库后单击鼠标右键，选择"任务"选项，再选择"备份"选项，如图 3-4-4 所示。新建数据库步骤可参考任务 3。

（5）进入"备份数据库"窗口，在"备份类型"下拉列表中选择"完整"选项，在"备份组件"区域选择"数据库"选项，如图 3-4-5 所示。

（6）在"备份到"下拉列表中选择"磁盘"选项，如图 3-4-6 所示。

项目3　SQL Server 2019数据库部署

图3－4－1　SQL Server Management Studio 应用程序

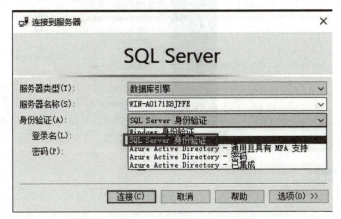

图3－4－2　登录身份验证设置

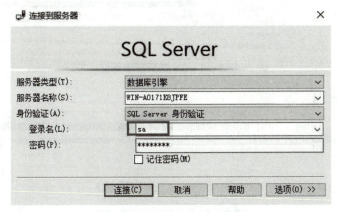

图3－4－3　输入登录和密码

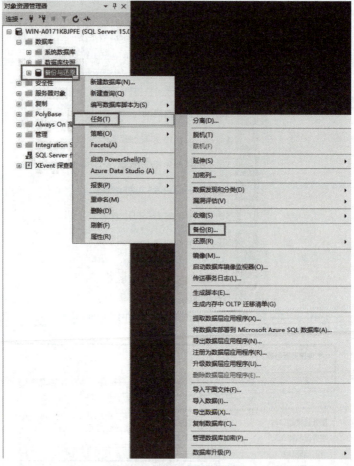

图3-4-4 "备份"选项

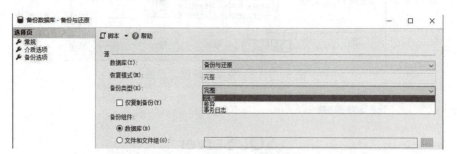

图3-4-5 选择备份类型

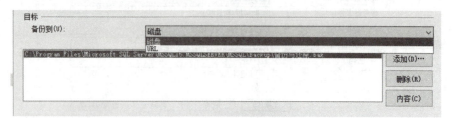

图3-4-6 选择备份到类型

(7) 在 C 盘根目录下新建"备份"文件夹,回到备份窗口中单击"添加"按钮,在"选择备份目标"对话框中选择"文件名"选项并单击"…"按钮,弹出"定位数据库文件"对话框"所选路径"为 C 盘的"备份"文件夹,再输入文件名信息,如图 3-4-7 所示。

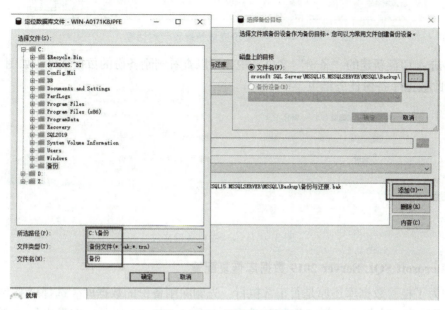

图 3-4-7 设置备份路径

(8) 完成后回到"备份数据库"窗口,如图 3-4-8 所示,再单击"确定"按钮,系统会提示备份完成情况提示对话框,如图 3-4-9 所示。

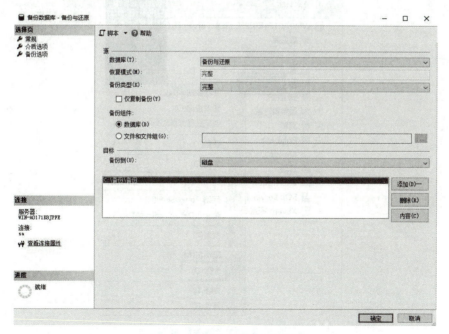

图 3-4-8 "备份数据库"窗口

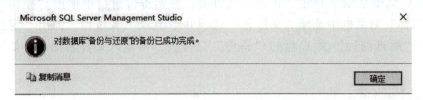

图 3-4-9 备份完成情况提示对话框

（9）进入 C 盘新建的"备份"文件夹中，可以查看刚刚备份的数据文件，如图 3-4-10 所示。至此数据库备份任务结束。

图 3-4-10 生成备份文件

2. Microsoft SQL Server 2019 数据库恢复配置

（1）为了检验数据库还原是否正常执行，先删除刚备份的数据库。选择"备份与还原"数据库，单击鼠标右键，选择"删除"选项，如图 3-4-11 所示。在弹出的"删除对象"窗口中，选择需要删除的数据库，单击"确认"按钮，如图 3-4-12 所示。

图 3-4-11 删除数据库

图 3-4-12 "删除对象"窗口

（2）选择系统数据库后单击鼠标右键，选择"还原数据库"选项，如图 3-4-13 所示。

图 3-4-13 "还原数据库"选项

（3）在"还原数据库"窗口中选择"设备"选项，再单击"路径框"按钮，弹出"选择备份设备"对话框后单击"添加"按钮，如图 3-4-14 所示。

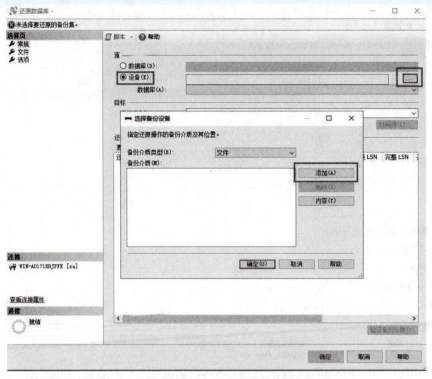

图 3-4-14 备份设置

(4) 选择 C 盘中的"备份"文件夹，找到刚刚生成的备份文件，若文件夹中未出现备份文件，可在下方显示文件类型的菜单中选择"所有文件"选项，如图 3-4-15 所示，完成后单击"确定"按钮。

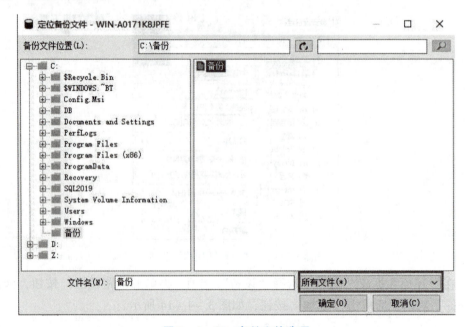

图 3-4-15 备份文件选项

(5) 在"要还原的备份集"框中选择备份信息,如图 3-4-16 所示。

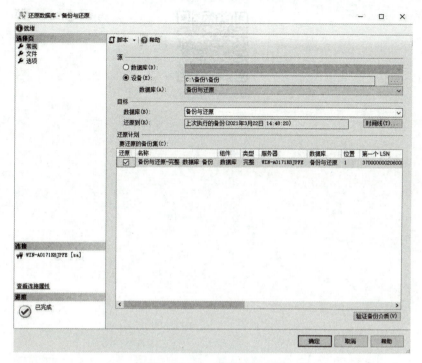

图 3-4-16　选择备份内容

单击"确认"按钮,系统会提示还原状态信息,如图 3-4-17 所示。

(6) 回到 SQL Server Management Studio 界面,刷新数据库后可查看到刚还原的数据库信息,如图 3-4-18 所示,到此还原数据库任务结束。

图 3-4-17　还原状态信息提示对话框

图 3-4-18　生成还原数据库

服务器运维技术

项目 3 – 任务 4　质量自检/交付验收表

专业：_____　　班级：_____　　小组：_____　　姓名：_____

六、质量自检

质量自检见表 3 – 4 – 1。

表 3 – 4 – 1　质量自检

序号	名称	完成情况	备注
1	虚拟机正常运行	□是　□否	
2	操作系统正常运行	□是　□否	
3	备份数据库正常运行	□是　□否	
4	还原数据库正常运行	□是　□否	
5	清理软件安装包	□是　□否	
6	整理器材与设备	□是　□否	

七、交付验收

验收明细见表 3 – 4 – 2。

表 3 – 4 – 2　验收明细

验收项目	验收内容	验收情况
功能/性能	创建"姓名"数据库	
	备份"姓名"数据库	
	还原"姓名"数据库	
用户手册	数据库备份配置手册	
	数据库还原配置手册	
验收人：		确认人：